北京市哲学社会科学"十二五"规划项目
北京市教育委员会专项资助

北京市哲学社会科学研究基地报告

中国专利政策研究报告

北京市哲学社会科学规划办公室
北京市教育委员会　　　　◎编
北京知识产权研究基地

知识产权出版社
全国百佳图书出版单位

内容提要

本书选取了约20篇以数据分析、案例实证为研究基础的论文或研究报告，分别从专利创造政策、专利运用政策、专利保护政策、专利管理政策的角度对我国的专利政策进行了理论探讨，并对专利创造、运用、保护、管理各项政策中的现实问题进行了分析，提出可行性的建议。本书可以作为了解研究我国专利制度的理论参考用书。

读者对象：知识产权法领域的高校师生及研究人员。

责任编辑：卢海鹰　　**责任校对：**韩秀天
文字编辑：倪江云　　**责任出版：**卢运霞
装帧设计：卢海鹰

图书在版编目（CIP）数据

中国专利政策研究报告/北京市哲学社会科学规划办公室，北京市教育委员会，北京知识产权研究基地编．—北京：知识产权出版社，2013.1

ISBN 978－7－5130－1565－3

Ⅰ.①中…　Ⅱ.①北…　②北…③北…　Ⅲ.①专利－科技政策－研究报告－中国　Ⅳ.①G306

中国版本图书馆CIP数据核字（2012）第234808号

中国专利政策研究报告

ZHONGGUO ZHUANLI ZHENGCE YANJIU BAOGAO

北京市哲学社会科学规划办公室
北京市教育委员会　　编
北京知识产权研究基地

出版发行：知识产权出版社

社　　址：北京市海淀区马甸南村1号	**邮　　编：**100088
网　　址：http：//www.ipph.cn	**邮　　箱：**bjb@cnipr.com
发行电话：010-82000860转8101/8102	**传　　真：**010-82005070/82000893
责编电话：010-82000860转8122	
印　　刷：北京中献拓方科技发展有限公司	**经　　销：**新华书店及相关销售网点
开　　本：787mm×1092mm　1/16	**印　　张：**13
版　　次：2013年1月第1版	**印　　次：**2013年1月第1次印刷
字　　数：250千字	**定　　价：**38.00元

ISBN 978－7－5130－1565－3/G·521（4414）

前 言

国务院2008年颁布《国家知识产权战略纲要》以来，我国专利政策得到全面落实。但从总体上看，如国家知识产权局2010年颁布的《全国专利事业发展战略（2011～2020年）》所言，我国至今“未能形成有效的激励和保护创新的专利政策体系”。围绕我国专利政策这一主题，本书将北京知识产权研究基地研究人员近三年来的相关研究成果汇集成册，以期促进对我国专利政策的深入研究。

2009年底，北京知识产权研究基地经批准建立，这是北京市哲学社会科学规划办公室和北京市教育委员会为促进北京市哲学社会科学研究，依托北京化工大学建立的又一个重要研究基地。北京化工大学是教育部直属的全国重点大学、国家“211工程”重点建设院校，实力雄厚的理工科为知识产权研究奠定了坚实的基础，法学、管理学、经济学等学科的发展为北京知识产权研究基地提供了学科支撑。同时，北京知识产权研究基地的建立也促进了相关学科的发展和相关专业的建设。北京化工大学从2007年起开始招收项目管理专业知识产权管理方向工程硕士研究生；经主管部门批准，从2012年起在法学一级学科之下自主设置知识产权法学二级学科，招收知识产权法学硕士研究生。2012年，北京化工大学还设置了有史以来第一个双学位专业——法学（知识产权）专业，主要面向理工科本科生招生。北京知识产权研究基地的建设成就是以学术研究为引擎而取得的。近三年来，基地研究人员承担了教育部、科技部、国家知识产权局、国家外国专家局、北京市社科规划办等单位的十多项课题，在知识产权法学、知识产权管理等领域发表了一系列研究成果。本书试图从我国专利政策这一较小的视角展示基地人员的研究成果和水平。

全书分为专利创造政策、专利运用政策、专利保护政策、专利管理政策等四编。

第一编“专利创造政策”部分选编了5篇论文。《专利政策目标的一元化》对中国专利政策的总体目标进行理论分析，指出专利政策目标的三元论或二元论会导致价值分裂和政策目标不统一。既然专利权既不是自然权利，也不是人权，专利权保护本身只具有工具价值，因此专利制度的目的在于激励创新而不是激励发明，专利政策应当以“激励创新”作为唯一目标。考虑到专利政策的国际格局，我国专利制度的政策目标应当是“激励本国创新”，专利授权、确权政策及相关司法政策都应与此目标相符。《基于时序法的“十二五”期间专利申请量预测研究》一文运用时间序列法，对“十二五”期间中国发明专利申请总量以及国内申请人申请的发明专利数量进行了预测。预测结果表明，“十二五”期间我国专利申请量将继续保持高速增长，发明专利申请量年平均增长达14%左右，同时国内申请人发明专利所占比例将有所提高。这意味着，未来五年以发明专利为核心的知识产权事业将迅猛发展，同时我国国民的自主创新能力将明显增强。《MPEG LA的MPEG—4 Visual专利池分析及应对策略》一文对MPEG LA专利管理公司公布在其主页上的MPEG—4 Visual标准专利池中的专利申请列表进行了统计分析，对MPEG—4 Visual标准专利池中的专利在不包括同族时的总体分布特点、包括同族时的总体分布特点、时间分布特点、地域分布特点以及技术内容进行了深入分析，并且尤其侧重于对技术内容进行分析，这些分析有助于我国企业确定技术研发方向、加强专利预警以及合理规避MPEG—4 Visual标准专利池。《专利创造性判断之比较研究》一文对美国、欧洲、日本以及我国在专利审查中的创造性条件进行比较研究，分析了美国在专利创造性判断上采取的格瑞厄姆“四因素”方法，欧洲采用的“问题—解决方案”法，特别是要求确定“最接近现有技术”、“客观技术问题”，以及日本专利创造性判断采用的“是否容易推想到”推理方式。文章认为我国主要借鉴欧洲的判断方法，但也发展出了自己的特点，并提出各国虽然都在朝着客观化的方向努力，但判断方法存在明显差别，创造性判断将长期处于客观化与差异性之间的紧张状态。《英国企业创新政策的特点和启示 》一文研究了英国政府“向上竞争”、经济再平衡、联系与催化的政策目标，分析了英国创新政策的原则和近年来的一些新特点，并对我国创新政策提出有明确的战略目标、政府支持金融企业投资于创新、降低企业创新的政策成本、创新政府采购的方式方法等建议。

第二编“专利运用政策”部分选编了4篇论文。《我国高校技术转移中的知识产权策略》一文对技术转移的本质、技术供体的创造力、技术受体的利益与知识产权的关系进行分析，提出知识产权是技术转移的逻辑前提、法律基础、安全保障和平衡机制。文章提出，在高校技术转移的过程当中应以知识产权策略原理为指导，面向市场需求、完善奖酬机制、创新转移体系、实现社会服务。《科技成果转化中的国际职业化模式——以中科院上海生命科学研究院知识产权与技术转移中心为例》一文以中科院上海生命科学研究院的知识产权与技术转移中心为研究对象，指出该中心按照美国科研机构技术转移办公室标准模式，结合中国国情运作，为上海生命科学研究院的科技成果提供保护、管理和转化的专业化服务，探索出推动科技成果转化的成功模式。《中美高校科技成果转化收益分配机制研究》一文针对科技成果转化率低这一我国高校当前普遍存在的问题，提出成果转化收益分配机制缺失是阻碍成果顺利转化的根本原因之一，并分析了我国高校当前成果转化收益分配的现状及存在的问题，提出借鉴美国高校的做法，完善我国相关法律，有效转变现行成果转化模式，明确区分收益，确立收益分配比例，才能激发科研人员的研发和转化积极性，合理配置资源，提高科技成果转化效率。《专利质押价值评估研究》一文通过对专利的各项特性及专利风险进行深入分析，针对专利质押融资条件下价值评估的特点，提出各方利益平衡点的简化分析方法；从专利的角度对专利的时间性、地域性、独占性、权利稳定性以及专利价值的估值风险、法律风险、市场风险、技术风险等因素进行分析；同时用比较分析法对传统资产评估方法进行比较，推出结合模糊评价法特点的专利价值金字塔评估法，使得专利质押价值评估的过程得以简单、清晰，解决专利质押融资的价值评估的实际问题。

第三编“专利保护政策”部分选编了6篇论文，其中2篇运用经济学方法探讨了专利保护范围的界定政策，4篇研究了专利侵权抗辩政策。《专利权二次界定的法经济学分析》一文提出了法院对权利要求书进行解释是专利权边界的第二次界定的观点，其经济学意义在于要适时解决专利侵权外部性，降低不确定性，建立起有效的激励与约束机制。该文认为，无论是权利要求解释的“中心限定”还是“周边限定”原则，所确定的专利权保护范围基本相同，但是后者的成本更低，故后者应是最优专利权二次界定原则，以最低成本理解权利要求的措辞和术语要遵循普通含义定理和特殊含义定理。《最优专利侵权归责原则的选择——一种经济模型的方法》通过建立经济模型来分析专利侵权归责原则问题，其模型的主体包含专利权人和侵权人，侵权行为受两个因素的影响：一个是注意程度，另一个是行为程度，最优的社会目标是使专利侵权的社会总成本或预期的侵权总损失最小化。文章通过构建注意水平作为决定责任唯一因素的模型，以及注意水平和行为水平共同作为决定责任因素的模型进行分析，得出的结论是：对于制造者、进口者来讲，应当适用无过错归责原则；对销售、使用者来讲，应当适用过错归责原则，是有效率的选择。《相同侵权下现有技术抗辩制度反思》是对我国2008年《专利法》修改时新增加的现有技术抗辩制度的政策反思。文章提出，从历史发展趋势看现有技术抗辩制度的不再构成对相同侵权的抗辩事由，我国《专利法》第62条将现有技术抗辩扩展到相同侵权，不符合现有技术抗辩作为权利抗辩的性质，加重了专利权人在侵权诉讼中的证明责任，提高了制度运行成本，违反专利推定有效原则，对其科学性有必要加以反思。《专利权穷竭原则的扩张》一文提出，专利权穷竭原则是限制专利权的重要制度之一，但在我国司法实践中很少有适用这一原则作为专利侵权抗辩的案例，这与我国《专利法》规定的专利权穷竭原则尚不能解决专利产品部件销售和关联专利的专利权穷竭问题有关。近年来我国司法机关在这一问题上对专利权穷竭原则进行了扩张解释，并且与美国近年来专利权穷竭原则的发展有相似之处。该文建议，应当将专利权穷竭原则的这种扩张解释从立法上确定下来，从而提高这一原则的实效。《专利实验使用侵权例外研究》一文认为，作为一项保障科学研究而对专利权进行限制的制度，我国《专利法》应当明确实验例外原则的适用范围与条件。文章通过对美国、德国、英国、日本等国的实验例外立法、司法判例的分析研究，提出我国应当确立以“使用方式”而非以“营利目的”为标准的实验例外原则，并将适用范围限定于以专利技术为研究对象的实验行为。《中美假冒专利标记制度比较研究》一文从中美两国假冒专利标记制度的法律规定、法律责任、适用条件等方面进行了对比分析，提出虽然从形式上大同小异，但是中国对假冒专利标记的处罚主要以行政处罚为主，而美国对假冒专利标记行为则以公益诉讼的形式解决，任何人都可以代表美国政府对假冒者提起诉讼。中国对假冒者的行政罚款全部收归国库，而美国对假冒者的公益诉讼的罚金一半归原告，另一半归美国政府。文章还对 2009 年 12 月起美国法院改变了罚金的计算方法，从过去的“对每一批违法产品罚款 500 美元以下”改变为“对每一件违法产品罚款 500 美元以下”，从而引起的此类诉讼加以介绍和分析。

第四编“专利管理政策”选编了 1 篇论文及 1 篇研究报告。《创新型企业知识产权管理的现状、问题及对策——基于部分创新型企业的案例分析》一文在对创新型企业创新做法进行调研分析的基础上，总结了当前创新型企业在知识产权管理方面的现状，分析了影响知识产权制度完善的制约因素，为企业在系统创新中的知识产权制度建设具有借鉴意义。《高等学校学科创新引智基地知识产权管理机制研究》是北京知识产权研究基地承担的一项课题的研究报告，该报告对我国高校学科创新引智基地知识产权管理现状与问题进行分析，在对国外高等院校知识产权管理的做法和经验研究的基础上，提出如何加强和完善我国高校学科创新引智基地知识产权管理的政策建议，以进一步通过引智推进科研创新、人才培养来推进我国创新型国家的建设。该课题研究中使用的调查问卷也一并编入，以供交流。

本书汇编的论文或研究报告，无论是对专利政策的理论探讨，还是对专利创造、运用、保护、管理各项政策中现实问题的研究，主要是基于数据、案例的实证分析，力求做到专利政策理论具有科学性、专利政策建议具有可行性。当然，由于专利制度及相关政策涉及法学、管理学、经济学等多种学科，虽然我们基地竭力实践协同创新的研究机制，但对某些问题的研究难免失之于偏、失之于疏、失之于粗，请广大读者批评指正。

北京知识产权研究基地的建设得到了北京市教育委员会、北京市哲学社会科学规划办公室、北京市知识产权局、北京化工大学有关领导的关心和指导，得到了知识产权学界的大力支持，担任首席专家的刘春田、担任兼职教授的李明德、李顺德、文希凯、吕国良、马维野、程永顺、王友彭、吕志华、王野霏等对基地的建设和发展积极建言献策；许多知名学者如张楚、曲三强、冯晓青、郭禾、孙新强、孙国瑞，美国

Morgan，Lewis & Bockius LLP 律师事务所 Lucas T. Elliot 律师、Paul E. Krieger 律师（休斯顿大学兼职教授）等对基地的科研与学科建设提出了宝贵意见；国家知识产权局姜丹明，国家外国专家局雷风云，北京市高级人民法院刘晓军、石必胜，北京市技术市场交易中心林耕等知名专家对基地的科研工作提出了宝贵的意见和建议。知识产权出版社卢海鹰为本书编辑投入了许多辛劳。在此，谨对所有帮助基地建设的领导、专家学者和研究同仁深表谢意。

北京化工大学文法学院院长、教授
北京知识产权研究基地主任
甫玉龙
2012 年 9 月

目　录

第一编　专利创造政策

第二编　专利运用政策

第三编　专利保护政策

第四编　专利管理政策

第一编

专利创造政策

专利政策目标的一元化

和育东*

国家知识产权局2010年颁布的《全国专利事业发展战略（2011～2020年）》提出了一个深刻命题，就是我国至今“未能形成有效的激励和保护创新的专利政策体系”。关于专利政策的学术研究往往被包括在科技政策或知识产权政策的宏观叙述中，本文则试图从专利政策本身出发，对专利政策目标这一基本理论问题提出自己的观点，并试图以统一的专利政策目标为基准，对专利授权、确权及司法保护中的具体政策详加分析，以期为我国专利政策体系的形成提供思想资料。

一、专利政策目标多元化的困境

政策范畴多歧义，本文所谓政策是法理学上“公共政策”的简称，按照德沃金的说法，政策体现了“一个必须实现的目标，一般是关于社会的某些经济、政治或者社会问题的改善”。[1]政策是法律的灵魂，一般体现在法律的目的条款中。我国《专利法》《商标法》《著作权法》的第1条都规定了立法目的，体现了我国知识产权法的政策目标，但学者对知识产权法的政策目标有不同解读，主要有三元论和二元论。持三元论的学者，如吴汉东从三个维度认识知识产权的价值目标和制度功能：在私人层面是知识财产的私权，在国家层面是政府公共政策，在国际层面是贸易规则；[2]袁真富将知识产权法的目的划分为激励知识创新、维护公平竞争和增进社会利益；[3]王先林则从民事权利、竞争工具和国家战略等三元视角认识知识产权的本质和功能。[4]持二元论的学者以冯晓青为典型，他明确提出“知识产权法的目的无非是保护知识创造者的直接目标和保障知识产品的传播和利用、保障知识和信息的扩散，从而促进经济发展和科学文化繁荣的社会公共利益目的两个主要方面，这可以称之为知识产权法的二元价值目标”。[5]

但是，三元论或者二元论会导致知识产权法的价值分裂和政策目标不统一，从而给法律适用带来困难。

---

* 和育东：北京化工大学文法学院见习教授。本文受教育部人文社会科学研究项目（09YJA820003）资助，曾发表于《科学学研究》2011年第8期。

案例一：五笔字型案

原告王码公司获得专利权的是“优化五笔字型”即五笔字型第 3 版技术，被告使用的是五笔字型第 4 版技术，原告诉被告专利侵权。北京市中级人民法院一审没有明确认定是否构成侵权，而是“本院以《中华人民共和国专利法》第 1 条所规定的基本原则为指导来审理此案”，判决被告东南公司“补偿”给原告王码公司 24 万元，被告东南公司今后继续使用第四版五笔字型技术，应当与原告王码公司协商，支付合理的费用。❶ 北京市高级人民法院二审认定五笔字型第四版技术不构成“优化五笔字型”专利技术等同侵权，撤销一审判决，改判原告败诉，并在判决书中批评一审法院“脱离了专利侵权的基本原则”、“于法无据”、“适用法律错误”。❷

案例二：湖南迪诺制药与陕西金方药业公司确认不侵犯专利权纠纷案❸

金方药业主张适用等同原则认定迪诺制药的涉案产品落入其专利保护范围，但法院认为，“对体现专利创造性高度的技术特征适用等同原则，会不适当地扩大专利的保护范围，打破专利授权时就已形成的专利权人与社会公众之间的利益平衡”，故判决不构成侵权。《最高人民法院关于审理侵犯专利权纠纷案件应用法律若干问题的解释》第 7 条规定，“被诉侵权技术方案包含与权利要求记载的全部技术特征相同或者等同的技术特征的，人民法院应当认定其落入专利权的保护范围”。本案法院在“利益平衡”的旗号下提出体现专利创造性高度的技术特征不适用等同原则，明显违背了司法解释。

案例三：林润泉诉南京建邺城镇建设开发集团有限公司专利侵权纠纷案❹

被告建邺公司以使用被控侵权产品有合法来源为由，认为不应承担赔偿责任，但法院认为被告证明侵权产品来源于第三方的证据不充分，认为“就利益平衡而言，本案由建邺开发公司承担赔偿责任，有利于保护专利权人的权利”。本案中，法院以利益平衡为由提高了被告证明责任的标准。

理论上讲，利益平衡已经通过立法过程中的力量博弈和民主投票决策完成了，制定法规定了一种权利，就是对权利所承载的主体利益和社会价值的肯认，在有法可依的情况下，法官无权不顾制定法规则而重新“利益平衡”。更为重要的是，当法官声称自己在“专利权人利益”与“公众利益”之间进行平衡时，他可以倾向于保护专利权人利益而判原告胜诉，也可以倾向于保护公众利益而判被告胜诉，都不能算他错判。有时候法官还会在“左顾右盼”间作出奇怪的判决，五笔字型案一审法院就是一个例子。可见，专利政策目标的多元化导致司法的不确定性，利益平衡也成为法官超越法律规定滥用自由裁量权的托辞。

❶ 北京市中级人民法院民事判决书，(1993) 中经初字第 180 号。
❷ 北京市高级人民法院民事判决书，(1994) 高经知终字第 30 号。
❸ 长沙市中级人民法院民事判决书，(2008) 长中民三初字第 0247 号。
❹ 江苏省高级人民法院民事判决书，(2006) 苏民三终字第 0142 号。

二、保护专利权本身为何不是独立的政策目标

三元论者和二元论者往往认为保护专利权本身就是独立的政策目标，因此法官在个案裁量时要在保护专利权人利益与保护公众利益之间进行价值选择。其实，专利权保护的最终目的是为了实现公共利益最大化，与该政策目标相比专利权保护只有工具价值。那些将专利权保护本身视为政策目标的思想，往往错误地将专利权视为自然权利或基本人权而具有终结价值。

夏勇曾这样论述权利："在权利话语主宰当代政治法律思维的时候，似乎尊重和保护权利，具有绝对的价值正当性。其他一切非权利角度的考虑，例如经济、宗教、风俗、安全等角度的考虑，似乎都只能被看做对权利的某种限制并因此缺乏与生俱来的合法，需要进一步的论证才能够成立。其实，权利本身的价值证成也远未完结，权利冲突的价值评断更为复杂。"[6]近年来我国学术界有关知识产权是自然权利还是法定权利、知识产权是否为人权之争，与知识产权的目的问题密切相关：如果知识产权是自然权利、人权，那么知识产权的存在先于立法，保护知识产权本身就是立法目的；如果知识产权是法定权利、不是人权，那么在法律制定之前就不存在知识产权，保护知识产权本身就不是立法目的。

（一）专利权不是自然权利

将财产权论证为自然权利的逻辑起点在于财产权的起源，格劳秀斯、普芬道夫等认为财产权源于占有，洛克认为财产权源于劳动。相比之下，专利权却源于垄断特权。达沃豪斯曾评论说："专利法有时靠对发明者与生俱来的自然权的吸引力来证明其合法性，然而历史记录所表明的却是从一开始，无情的贸易道德观推动了特许权的制定和使用。很显然，英格兰国王和以后的美国殖民地政府，授予那些进口外国发明的个人特许权，他们并不关心外国发明人的'自然权利'。"[7]

在17、18世纪自然权利理论兴盛时，专利也曾一度被认为是自然权利，但按照这一思想制定的相关专利制度相继破产。法国1791年专利法认为专利是人权，因此实行注册制并且无期限限制，但1844年修改专利法时删除了前言关于专利自然权利的话，并于20世纪最终接受了专利实质审查制度。美国也曾于1793年取消已经施行三年的审查制，但自然权利思想指导下的专利制度实践是不成功的，只得于1836年恢复实质审查制。1898年中国清朝颁行《振兴工艺给奖章程》，该法规深受梁启超等人的自然权利思想影响，不实行实质审查制度，结果许多商家蜂拥申请专利，清政府被迫于1904年"叫停"专利，[8]使中国历史上第一部现代专利法夭折。

国际交往的历史表明，给专利贴上"自然权利"标签，往往是发达国家鼓动落后国家加强专利保护的手法。在1878年巴黎会议之前，欧洲许多国家如德国、法国、瑞士等都规定了严格的专利当地实施要求及专利撤销制度。美国希望这些国家

放弃专利撤销制度，就竭力鼓吹专利是自然权利，反对国家对专利的干预。在美国提交给巴黎会议的文件中这样论述："发明人和工业创造者对其自身工作享有的权利，或者实业家对其商标享有的权利，是一种基于自然法上的财产权。各国制定的这些法律并不创设这权利而只是规制它们。"❶[9]由于欧洲国家的反对，上述意见中"基于自然法"一句话在《巴黎公约》文本中被删除。其实美国国内学者极少将专利视为自然权利。[10]

我国《宪法》第13条规定"公民的合法的私有财产不受侵犯"，在私有财产前加"合法"二字，从某种意义上讲，是在强调财产权为法定权利，而不是自然权利。[11]作为财产权的一种，专利权也应当是法定权利。

（二）专利权不是人权

人权是个历史发展的概念。卡雷尔·瓦萨克（Karel Vasak）曾将人权按历史发展分为三代，第一代为形成于美国独立战争和法国大革命时期的自然权利，可称为基本人权；20世纪以来的第二代、第三代人权是扩张后的现代人权。基本人权与现代人权在法理学上大致是自然主义人权与实证主义人权的区别。[12]我国学术界关于知识产权是否为人权的争论与对人权概念的不同理解有关。认为知识产权是人权者，往往以国际公约为依据，从实证主义视角理解人权为现代人权；[13]反对者往往从自然主义视角理解人权为基本人权，例如郑万青引用美国《独立宣言》的表述认为人权是"基本的、不可让与的普遍的权利"。[14]前文已论证，专利权不是自然权利或基本人权。需要进一步回答的是：专利是否属于现代人权？

一般认为，《联合国人权公约》（UDHR）第27条第2款、《经济社会文化国际公约》（ICESCR）第15条第1款第c项规定的"作者对其科学、文学、艺术产品上的物质、精神利益享有权利"就是知识产权。但是，UDHR第17条规定了财产权，如果将第27条第2款规定的权利解释为知识产权，则其财产权部分会与第17条重复；ICESCR第15条第1款第c项严格地说也不能解释为知识产权中的财产权，因为ICESCR整个文本并没有提到财产权，[11]如此解释不符合体系解释原则。实际上，作者对其创造上的物质利益享有的权利可以指接受政府或非政府组织物质奖励的权利，而未必是知识产权。

20世纪90年代以来，国际社会开始重视TRIPS关于知识产权的规定与健康权、发展权等人权的冲突问题。UDHR第27条第2款规定的权利与该条第1款规定的"自由参加文化生活、享受艺术、分享科学进步及其益处的权利"的冲突，以及ICESCR第15条第1款第c项规定的权利与该款第a、b项关于"参与文化生活及享受科技进步带来的益处的权利"的冲突，引起人们对知识产权的"人权属性"

---

❶ 以瑞士为代表的一些欧洲国家所提交文件则表述为："发明人和创造工人的权利是各国法律的衡平及有用性原则的创造，各国应当基于授予临时垄断而使这些权利与社会权利得以协调。"

加以重新审视。本文认为，笼统地说知识产权是人权或不是人权都是武断的，应当说一部分知识产权是人权或者以人权为基础，而另一部分知识产权不是人权或没有人权基础。一般而言，从人权意义上谈及知识产权时，人们首先想到的是知识产权——主要是著作权——中的人身权。就专利权而言，它是纯粹的财产权这一点已逐渐成为共识，对专利侵权案件法院不再判决被告承担赔礼道歉的民事责任，因此专利权应当不是人权或者没有人权基础。

否定专利权是自然权利或基本人权，意味着专利权是一种法定的制度化权利。❶ 当然，专利规则的游戏化未必意味着对专利保护的削弱。专利保护是实现推动科技创新这一政策目标的必要手段，削弱专利保护会损害科技创新的政策目标。随着科技发展逐步扩大专利保护范围和强度也是专利政策的题中之意，但法院作出有利于专利权人判决的理由不是为了保护专利权人利益而保护，而是为了最大限度地激励创新而保护。美国联邦最高法院在查克拉巴蒂案中将可专利主题扩展到以基因工程方法制造的微生物时，反对该专利的上诉人提出法院应当衡量授予该主题专利后可能的危险以及其他多种社会利益，但法院认为，对社会利益的平衡是立法者或行政管理机构的事情，法院对此无能为力；法院能做的是以宪法确定的促进"科学和有用技艺之进步"目标为指导，对专利法第 101 条进行解释。[15]英国知识产权委员会在 2002 年发布的《知识产权与发展政策一体化》报告中也认为："无论怎样称呼知识产权，我们最好将它视为公共政策的一种手段，授予个人或机构一些经济特权，以实现更大的公共利益，而这些特权只是一种目标实现手段，其本身并不是目标。"[16]

三、专利政策目标一元化的理论发展

我国《专利法》第 1 条列举了"鼓励发明创造"、"推动发明创造的应用"、"提高创新能力"、"促进科学技术进步和经济社会发展"等诸多目标，这往往成为专利政策多元化的依据。本文认为，这些目标可以归结为一个终极目标，即激励创新。

（一）专利理论：从"激励发明"到"激励创新"的转变

随着 20 世纪科技与经济的发展，专利的结构发生了重大变化。❷ 与早期专利局限于机械领域相比，现代专利技术领域分布趋广，涉及化学、电子通讯、生物技术、医药、计算机软件等领域。技术的复杂化导致发明主体群体化，发明过程不再是一人一时灵感火花的闪现，而是有计划、有步骤的试验和群体性劳动。相应地，职务发明在专利中占的比例大幅提高，专利权属集中在公司手中，发明主体与实施

❶ 制度化权利，按罗纳德·德沃金的话说，是指"论证某个特殊的或特定的制度所作的决定的权利"，与之相对的是背景权利，即"以抽象形式论证社会所作出的决定的权利"。制度化权利大体相当于国内学者所说的"知识产权法定主义"。

❷ 本文所谓专利的结构，是指专利各构成要素之间的构成状态和比例关系。

主体相分离。专利结构的变革导致专利制度的功能发生变化，将专利制度视为激励发明已经不符合实际。独立发明人转变为大公司研发机构的雇员后，激励他们开展科研活动的不再是专利实施后能获得的市场回报，而是在公司内薪酬的提高及职务的晋升，狄更斯在小说《一个可怜人的专利故事》中描述的独立发明人的尴尬处境已经很少重演。专利的结构与功能的变革引起专利理论发生变革，认为专利制度是为了激励发明的传统理论已经失去对现实的解释力，认为专利“激励创新”理论成为现代专利理论的主流。

“创新”概念是熊彼特于1912年提出的，指企业家将发明应用在经济活动中，通过对产品、技术、供应来源、组织结构等要素的重新组合而获得利润。熊彼特于20世纪前期提出其经济增长理论时，以独立发明人为主的时代逐步过渡到大公司引领研发的时代，大公司的研发活动从经验上将技术“发明”（Invention）与后续的“投资”（Investment）两个行为紧密地结合为“研发”（Research & Development）活动，构成熊彼特的“创新”（Innovation）概念的主体。熊比特对专利理论的逻辑贡献，就是严格区分了“发明”与“创新”：发明本身并不产生任何经济效果，创新包括了发明与投资开发两个环节，最终将专利技术商业化，才产生经济意义、促进经济增长。

与传统激励发明理论相比，激励创新理论认为专利激励的行为是创新活动而不是发明活动，激励的对象是投资人而不是发明人。这一理论转变影响着专利政策的走向。我国《专利法》第三次修改将第1条中的“促进科学技术进步和创新”修改为“促进科学技术进步和经济社会发展”，❶ 将制度的激励目标后移到以企业研发活动为主的经济社会发展上，更加符合激励创新理论。

（二）经济增长理论：从放任市场到干预创新的转变

专利制度本是作为国家推动技术进步这一政策目标的手段或工具而人为创设的。威尼斯在1474年专利法颁布之前，是通过政府奖励制度来推动技术进步的，在遭受金融危机后为节约政府财政支出，威尼斯政府想出了专利这个省钱的办法。[17]美国在立国之初选择专利制度的一个理由，是担心政府奖励需要政府掏钱，需要较高的管理成本，而且可能挥霍公共财政。[18]专利制度为亚当·斯密等古典自由经济学家所推崇，认为与政府奖励制度相比，专利制度好就好在它依赖市场机制运行、不需要政府干预，获得了独立的工具价值。专利制度是通过市场来决定发明收益的分散决策系统，政府资助制度是由权威机构决定发明收益的集中决策系统，由于信息不对称，对一般产业发展的激励采取专利制度优于政府资助制度。我国历史经验也表明，市场经济越发达的时期，专利制度越能取代政府奖励制度，成为推

---

❶ 由于“创新”概念在我国的传播有一个过程，修改前“创新”用语的含义大致仅指新技术的出现，不同于激励创新理论中等于“研发”的创新概念。

动技术进步的主要制度。中国北洋政府及国民政府时期，对工艺品技术的激励长期并存着“营业上之奖励”即专利与“荣誉上之奖励”即褒奖两种制度，到 1930 年终于取消了褒奖，结束了专利制度与政府奖励制度相混杂的局面。[8] 新中国成立后，经历了专利与政府奖励制度双轨并存（1950～1963 年）、单一的政府奖励制度（1963～1984 年）、重返双轨并存（1984～1999 年）的历程。随着市场经济的发展与完善，1999 年国务院发布《国家科学技术奖励条例》，规定由原来的随时评审改为每年评审一次；❶ 报批程序由原来的发明人按隶属关系逐级上报申请，❷ 改为主要由省级政府及部门单位推荐产生候选人，❸ 表明对发明人的政府奖励制度从常态的金钱与荣誉双重奖励蜕变为一种偶发的以荣誉为主的奖励，其法律意义在于结束了政府奖励与专利双轨并存的局面。

按照经济自由主义理论，政府应对专利制度采取放任的态度，专利制度的工具价值会排斥甚至压倒专利制度的目标价值，专利政策也就没有多少发挥作用的空间了。但 20 世纪中叶以来，政府主要以另一种方式即政府资助加强了对科技及产业发展的干预，对专利政策的发展产生重要影响。从经济理论上，熊彼特提出用“创新”主义的积极经济增长观代替了“资本”主义的消极经济增长观，认为企业为追求利润而进行的研发活动导致知识增长，而知识增长是经济长期持续增长的源泉，因此研发活动是经济增长的内生的核心要素。鉴于知识作为一种公共产品具有正外部性，“搭便车”现象会降低企业对科研的投资水平，因而政府需要干预科研活动来克服“市场失灵”、确保经济持续增长。当然，政府干预科技发展应当限定在专利制度无法克服市场失灵的领域，比如基础研究、通用性技术如信息通信、不宜于在企业范围内研发的如农业、计量标准检测系统如计量标准服务数据库等，在这些领域的政府资助将产生互补效应而带动更多的企业研发投资；相比之下，在一般应用技术领域仍然要依赖专利制度和市场调节，政府资助反而产生替代效应而挤出企业研发投资。第二次世界大战以来的实践也为政府干预科研活动提供了经验支持，比如第二次世界大战期间美国动用政府资助聚集一大批科学家完成了“曼哈顿”计划，帮助美国实现了第一次核爆炸，证明了政府干预的绩效。[19] 发达国家的积极科技政策引起了人们对专利政策的重视，比如政府研发资助机构需要确立对研发成果专利权归属的政策。美国 1980 年通过《拜杜法案》赋予了受政府资助的大学和小企业对资助完成发明的专利权，里根政府 1983 年发布备忘录将该法案的适用扩展到大企业，突破了公众使用受政府资助发明时需要二次付费的政治困境，[20] 并为其他国家所效仿，成为 20 世纪最重要的专利政策之一。政府加大对创新的干预，强化了专利制度的公共政策功能。

---

❶《国家科学技术奖励条例》第 14 条。
❷《发明奖励条例》第 5 条。
❸《国家科学技术奖励条例》第 15 条。

（三）专利政策目标的统一：激励创新

专利政策中的利益平衡不是权利人与公众利益之间的价值平衡，而是对短期公共利益与长期公共利益的平衡。专利制度通过赋予专利权人一定时期的排他权既对公众利益造成“短期损害”，又通过激励发明创新给公众利益带来“长远益处”，为了使短期损害的负面影响小于长远益处，要对专利权设定期限、宽度、效力等方面的限制，以实现“在革新或者创造中的边际收益等于排除对知识产权接近的边际社会成本”。[5]无论是短期损害还是长远益处，都落脚在公众利益上，因此专利政策应当只有一个目标，就是通过促进技术创新而提升公众利益的总和。专利政策目标的一元化，可以避免让利益平衡滑向价值平衡，从而在利益平衡中求得唯一解，增进司法判决的确定性和科学性。

其实，三元论者和二元论者中不乏强调知识产权法目标的一元化倾向。袁真富认为知识产权法的最终目的是促进科学技术成果的转化与推广，促进文化艺术成果的传播和其他知识产权信息的扩散，最终让消费者获益匪浅。[3]倡导利益平衡理论的冯晓青认为美国宪法知识产权条款表明“增进知识和学习”是知识产权法的目标，而“使作者和发明者的利润达到最大化并非其最终目标”，[21]并提出“知识产权保护只是知识产权制度运行的中间过程，促进知识创造和知识扩散，促进技术、知识和信息的交流与利用，从而促进社会经济发展、科学和文化进步才是知识产权法的终极目的。”[5]杨志敏认为，知识产权立法明显存在“直接目的”与“最终的发展目的”之目的二元结构，直接目的是通过强制的产权安排来“保护成果信息开发者的利益”，表现为保护知识产权，而最终目的是要“实现文艺、科学事业和产业的快速进步和发展”。[22]

四、国际格局下的我国专利政策分析

（一）国际格局下的我国专利政策目标

设想在某个封闭的经济体内确定了最佳激励程度的专利规则，倘若将之放置在多个经济体相互影响的国际环境中，原先确定的专利规则可能就不再符合最佳激励要求了。比如在周边国家皆无专利制度时，与周边国家皆有专利制度时相比，一个国家专利法的规则及具体政策应当不尽相同。英国早期的专利制度大体上处于“众人皆无我独有”的国际环境中，成功地吸引德国的军械士、意大利的造船工人和玻璃匠及法国的铁匠越过英吉利海峡将先进技术带入英国。与此相反，19 世纪中叶的荷兰、瑞士等国家认为，在他国有专利制度时本国不实行专利制度，可以将他国公布的专利技术无偿引入国内。为了克服国际间的搭便车现象，发达国家通过《巴黎公约》谈判要求他国实行专利制度。在专利制度普及后，发达国家通过 TRIPS 要求发展中国家提高知识产权保护水平。可见，发达国家与发展中国家二元对立的专利政策格局是专利制度在国际博弈中的必然产物。对发展中国家而言，在专利保护水平被迫提高而超越技术发展所需要的水平后，通过专利政策来侵消高保护水平给社会带来的不适应，这正是专利政策应当发挥的缓冲作用。

英国知识产权委员会认为，发展中国家应该采取“鼓励竞争”的专利政策，即倾向于保护“后来者”（second comers）利益而不是“遥远的专利权人”（distant patentees）利益，并归纳出发展中国家应当采取的具体政策措施：限制可专利性主题范围，采取严格的可专利性标准以及与发明贡献和披露相适配的专利宽度，限制专利权人阻碍他人改进发明或绕道发明，防止专利权滥用，以及其他促进本土创新的政策。[17]这些政策建议基本上符合发展中国家的利益，历史上一些后发国家赶超先发国家的成功经验也证明了类似政策的有效性。比如日本从1885年全面建立专利制度时起的相当长一段时期，对权利要求按“发明人认知限制理论”解释为：基于说明书公开的内容，发明人明确感知到的其意欲请求保护的范围。基于此，说明书中的限制条件被读作对权利要求本身的限制。[23]日本采取过窄专利保护范围政策的结果是，大量创造性水平不高的改进发明获得专利保护，在外国人掌控的基本专利周围形成蚕食性的改进专利包围圈，逐渐消解了外国人的专利优势。第二次世界大战后日本工业创新水平大幅提高后，1959年日本专利法修改及日本法院对专利保护范围的解释才逐渐放宽。

我国专利立法被迫快速达到国际水平，专利法文本仍留有明显的移植痕迹，甚至一些条文系为了满足外国人的观感而照搬过来。在这种情形下，通过专利政策的作用来使专利法的运行与本国经济技术发展的需要相适应，是我国专利政策应当承担的使命。一般而言专利政策的目标是“激励创新”，具体到某个国家，专利政策的目标应是“激励本国创新”。以国务院2008年颁布《国家知识产权战略纲要》为界线，我国专利政策发展可以分为“战略前时期”和“战略后时期”。战略纲要的颁布既体现了我国通过保护知识产权实现经济发展的决心和信心，也体现了知识产权政策总体上从“被迫强保护”转变为“适度保护”。战略前时期的两次《专利法》修改主要是拓展专利保护技术领域、延长专利期限、扩大专利效力等。战略后时期更多地考虑通过限制专利权来促进创新，第三次《专利法》修改提高新颖性标准、对利用生物遗传资源获得专利加以限制、允许平行进口、增加现有技术抗辩等，特别是引入Bolar例外对医药产品进行限制但没有给予专利权人申请延长专利权期限的权利，与我国医药行业技术整体上还相对落后的局面是相适应的。由于我国实行专利确权与专利侵权相分离的双轨制，专利政策在行政与司法两条线上的体现方式有明显不同，下面分述之。

（二）专利授权、确权政策分析

第一，“本领域技术人员”标准的把握和运用。

本领域技术人员是专利创造性判断的主要标准，是指一项发明如果在本领域普通技术人员看来是难以预见的，则该发明具备创造性。由于专利法的地域性，各国对本领域技术人员水平的把握不必相同，而要与本国技术发展水平相适应。如果在某个技术领域我国与发达国家相比差距较大，相应地在该领域的我国普通技术人员的预见能力较低，我国专利审查中把握的本领域技术人员水平自然要低于发达国家，创造性门槛相应地较低。相反，在我国发展水平较高的技术领域，本领域技术人员的水平自然会比较高，创造性门槛较高。只有立足本国技术水平来决定本领域技术人员水平，才能实现对本国创新的最佳激励。前述英国知识产权委员会建议发展中国家应当采取高创造性标准来为国外专利申请设置较高门槛，但这会在挡住国外专利申请的同时会更多地挡住国内创新，因此笔者认为我国总体上对创造性标准不宜过高。实用新型专利制度就是采用低创造性标准激励本国改进型创新的有效制度。最高人民法院在舒学章专利案中采纳了专利复审委员会关于重复授权的认定标准，[1]《专利法》第三次修改仍保留了允许发明人同时申请发明专利和实用新型专利的做法，都体现了激励本国创新的政策精神。

本领域技术人员标准不仅适用于创造性判断中，在《专利法》第 33 条规定的修改超范围判断、第 26 条第 3 款规定的说明书充分公开判断也与本领域技术人员的把握有关。本领域技术人员水平的政策性绝不是要牺牲专利审查质量，更不是要对国内申请网开一面而歧视外国申请，只是在确定本领域技术人员水平上要符合我国国情，对特定技术领域的本领域技术人员水平一旦确定，就要对所有申请一视同仁地适用。比如在辉瑞专利无效案中，此前欧洲专利局以该专利无创造性为由宣告无效，但中国专利复审委以公开不充分为由宣告无效。该案表明，本领域技术人员水平较低虽然意味着创造性门槛低而会放过一些专利申请，也会意味着说明书充分公开性门槛高而挡住一些专利申请。

第二，与经济科技政策的衔接。

不同领域技术在产业化过程中会遇到不同的经济境遇，整齐划一的专利期限、可专利性、侵权标准自然对不同领域的技术创新产生不同的激励效果。比如有的专利技术市场竞争者仅需 3 年时间就能通过反向工程破解，则 20 年期限的保护期限给发明专利权人带来了比商业秘密保护多 17 年的益处；相比之下，有的专利技术需要 17 年才能通过反向工程破解，则发明专利保护只相当于延长了三年。还比如升级迅速的技术领域在专利保护期未届满前产品已被市场淘汰，而另一些技术在专利保护届满时还未实现商业化。可见，专利法对不同技术领域的形式公正蕴含着诸多实体不公正。美国 1984 年通过《药品价格竞争与专利期限恢复法案》规定药品及医疗设备等领域的专利权可以延长最多五年的保护期限，另外在专利法第 271 条第 e 款规定为提供政府管理部门所需要试验信息而实施专利技术不构成专利侵权（即 Bolar 例外），就是根据医药领域的特点对专利法规则加以修正。问题在于，如

[1] 最高人民法院行政判决书，（2008）行提字第 3 号。

果对不同技术领域都制定不同的专利法规则，则专利制度的立法及运行成本将不堪承受。因此，在专利法统一的前提下，如何实现对不同技术领域创新的最佳激励效果，为专利政策留下巨大空间。

按照对创新的诱导因素不同，可以分为专利诱导发明和非专利诱导发明。专利诱导发明包括低“收益/成本比”的发明如市场竞争激烈、难以保密的技术，和不确定“收益/成本比”的发明如尚不清楚市场前景的革新发明。非专利诱导发明可以是市场诱导发明，比如对市场成熟的产品加以改进的技术明显有高“收益/成本比”，企业会为了抢占先机或者提高商誉而创新；也可以是靠政府资助、社会奖励或职位晋升等替代激励作出的发明，比如靠近基本科学研究的应用技术。在专利法的适用中作上述区分，从而对专利诱导发明提高激励水平、对非专利诱导发明降低激励水平，才能更好地实现社会福利的最大化。比如医药发明的投入大，投资者主要依赖专利保护收回成本，因此应加强这一领域的专利保护。对半导体、电子及计算机软件技术，一件产品往往包括许多项专利技术，从而形成专利丛林阻碍专利商业化的局面，因此应相对减弱这一领域的专利保护，比如提高创造性标准、降低救济水平等。❶

专利政策的目标与经济科技政策的目标是一致的，因此在尊重专利制度规律、保证专利规则之治的前提下，要让专利政策与经济科技政策相衔接。国务院发布的《国家中长期科学和技术发展规划纲要（2006～2020 年）》确定了能源等 11 个国民经济和社会发展的重点领域，和有可能近期获得技术突破的 68 项优先主题，专利部门应当对这些技术领域的专利申请给予重视，在审查人力资源受限的情况下适当引入加快审查程序。同时专利政策要配合促进专利技术转化的税收、金融、政府采购、直接资助等综合政策措施，促进专利技术转化。

第三，对国内专利申请的资助。

近年来我国地方政府纷纷出台专利申请资助政策，对专利申请人的专利申请费及代理费进行实报实销式或一次性定额资助，明显推动了专利申请数量的增长。有的地方政府将专利申请数量当做政绩考核指标，“甚至有些地方政府在资助专利费用的前提下，将专利申请量作为任务下达给企业”，[24] 导致出现了垃圾专利、骗取资助与资助金发放不下去并存等负面现象。专利申请资助要适度，以不破坏专利制度的内在平衡为限。根据科技部的统计，我国综合科技进步水平的年增长速度保持在 3%左右，而专利数量增长远远超过这一数字，已经严重偏离了实际的科技进步水平。其实，我国对国内自然人以及小型企业实行申请费减免制度，地方政府资助政策发挥雪中送炭作用的空间并不大。考虑到以上情形，建议大幅提高我国专利申

❶ 例如美国易趣案判决拒绝发出禁令，肯尼迪大法官认为，“一些商业方法专利的潜在的模糊性和不可靠的专利有效性，会影响适用四要件检验法的计算”。参见 *EBAY v. MERCEXCHANGE*，126 S. Ct. 1837，1842（2006）。

请费及维持费等，一个可资借鉴的经验就是美国专利商标局，从 20 世纪 90 代年初开始它从“由财政拨款、只收取象征性专利申请费用的机构改造成为由其收取的费用提供资金的机构”。[25]同时，对地方政府资助简化程序、科学管理。这样，一方面可以抑制垃圾专利，另一方面可以凸显政府对申请资助的作用。

第四，强制许可制度的落实。

强制许可本来是符合发展中国家利益的制度设计，但运用得多的却是发达国家，许多发展中国家由于自己没有实施欲施以强制许可的专利的技术条件而使强制许可制度有名无实。[15]我国至今尚未有一例强制许可，没有积累起运用这一制度的经验，专利政策亟待在这里发挥作用，让悬剑落下。

（三）专利司法政策分析

专利政策对专利侵权案件的影响是现实存在的。[26]《民法通则》第 6 条规定：“民事活动必须遵守法律，法律没有规定的，应当遵守国家政策。”可见专利政策进入司法裁判是有法律依据的，我国法院不必将适用政策视为禁忌。固然法律的政策化不可取，但不留政策空间的法律也是不可想象的。专利制度随着科技经济的发展而具有很强的变动性，与其他部门法律相比，专利制度中的政策因素尤为重要。

由于政策话语往往是祈使句，而不是法律规范的结构，因此政策如何进入司法裁判是值得研究的。总体上看，专利政策进入司法裁判要将政策融入法律形式主义的架构内，不能用所谓“利益衡量”下的价值判断来代替逻辑推理，减少法官人为的操作空间，增进专利司法的可预期性。

第一，侵权判定规则的把握。

由于在许多技术领域的核心专利技术由外国人掌握，严格侵权判定标准有助于鼓励绕道发明、改进发明从而鼓励本国创新。基于此政策精神，要在等同原则的适用上从严掌握，以全部技术特征、禁止反悔、捐献等规则加以限制。在前述王码五笔字型案中，北京市高级人民法院认定五笔字型第 4 版技术不构成“优化五笔字型”专利技术等同侵权而撤销一审判决，❶ 十多年后最高人民法院原副院长李国光回忆说，[27]北京市高级人民法院是按照最高人民法院审判委员会的意见作出判决的，最高人民法院审判委员会在讨论此案时要求严格解释权利要求、对发明专利的权利保护范围不能作扩大解释。对此，李国光先生提出在当时的国际背景下作出如此决定实属不易：王码公司曾将五笔字型第 2 版技术（235 个字根）在美国申请了专利，但它向美国计算机公司提供了本案中的第 4 版技术，而美国计算机公司没有因此而拒付使用费，王码公司据此坚持第 3 版技术和第 4 版技术等同。最高人民法院审判委员会拒绝了与“国际接轨”的意见，从国家利益的角度为北京市高级人民法院提出了相应的司法政策。

❶ 北京市高级人民法院民事判决书，（1994）高经知终字第 30 号。

我国法院对多余指定规则的态度，反映了侵权判定政策从宽松到严格的转变，符合我国改革开放以来专利事业发展的实际。我国法院在20世纪90年代曾适用多余指定规则从宽界定专利保护范围，主要考虑到专利制度发展初期专利权人撰写权利要求水平不高导致保护范围过窄，给予专利权人额外的补救机会，但2005年最高人民法院通过一起案件的再审明确取消了多余指定原则，[1] 并在2009年司法解释中明确排除多余指定原则。

第二，公共利益对停止侵权救济的限制。

对专利侵权的停止侵权救济在专利法上并无规定，法院适用《民法通则》来判决，因此限制非常小。《专利法》第三次修改时曾拟写入在涉及公共福利时法院可以拒绝判定侵权人停止侵权，但终未能写入。其实法院在这个问题上已经超前于法律，适用政策拒绝判定停止侵权。在1998年深圳市中院判决的晶艺玻璃工程公司诉北方公司和深圳机场案中，[2] 被告深圳机场以经营为目的使用侵权产品构成侵权，但法院认为："考虑深圳机场的特殊性，停止使用不符合实际，因此本院责令被告深圳机场向原告支付合理的使用费。"2008年福建省高级人民法院判决的晶源公司诉华阳公司案中，[3] 法院认定被告构成侵权，但"由于火力发电厂配备烟气脱硫设施，符合环境保护的基本国策和国家产业政策，有利于建设环境友好型社会，具有很好的社会效益，且电厂供电情况将直接影响地方的经济和民生"而未判决被告停止侵权。值得注意的是，司法机关在认定公共利益时要掌握好政策精神，一般应限制在涉及公共健康、安全及较为重要的民生福利时可以引用公共利益，不得滥用公共利益限制。

第三，侵权损害赔偿额的确定。

为了鼓励适用原告所失利润来计算赔偿额，应当适度放宽所失利润与侵权行为之间因果关系的证明标准，鼓励专利权人提供财务账册或合同等证明损失的证据。在按照侵权人非法获利计算侵权损害赔偿额时，要考虑原告专利技术贡献在被告侵权产品中的所占的比重，2009年颁布的《最高人民法院关于审理侵犯专利权纠纷案件应用法律若干问题的解释》第16条明确了按非法获利计算赔偿额时要适用这一分摊原则，从而限制了按照非法获利计算赔偿额时给专利权人带来不当得利。但在适用上，一项专利技术对一件产品的技术贡献比率如何确定？这一技术分摊比率能否反映该技术对产品市场利润的贡献比率？这些问题给法院留下了巨大的政策空间。另外，我国法院大量适用法定赔偿的规定，因此把握好政策目标对损害赔偿额的确定至关重要。

---

[1] 最高人民法院民事判决书，(2005) 民三提字第1号。

[2] 深圳市中级人民法院民事判决书，(2004) 深中法民三初字第587号。

[3] 福建省高级人民法院判决书，(2001) 闽知初字第4号。

参考文献

[1] 罗纳德·德沃金．认真对待权利［M］．信春鹰，吴玉章，译．北京．中国大百科全书出版社，1998：41.

[2] 吴汉东．知识产权本质的多维度解读［J］．中国法学，2006（5）：97－106.

[3] 袁真富．知识产权的异化及其治理——以知识产权立法目的为参照［M］//周林．知识产权研究. 18卷．北京：知识产权出版社，2007：75.

[4] 王先林．从个体权利、竞争工具到国家战略——关于知识产权的三维视角［J］．上海交通大学学报：哲学社会科学版，2008（4）：5－13.

[5] 冯晓青．知识产权法的价值构造：知识产权法利益平衡机制研究［J］．中国法学，2007（1）：67－77.

[6] 夏勇．权利哲学的基本问题［J］．法学研究，2004（3）：3－26.

[7] 彼得·达沃豪斯，约翰·布雷斯韦特．信息封建主义［M］．刘雪涛，译．北京：知识产权出版社，2005：37.

[8] 徐海燕．中国近现代专利制度研究（1859－1949）［M］．北京：知识产权出版社，2010：67.

[9] GRAEME B. DINWOODIE，WILLIAM O. HENNESSEY，SHIRA PERLMUTTER. International Intellectual Property Law and Policy［M］. New York：Matthew Bender & Company，Inc.，2001：386.

[10] A. SAMUEL ODDI. Un-Unified Economic Theories of Patents—The Not-Quite-Holy Grail［J］. Notre Dame Law Review，1996，volume 71：267－327.

[11] 刘连泰．《国际人权宪章》与我国宪法的比较研究［M］．北京：法律出版社，2006：139.

[12] PETER K. YU. International Rights Approaches to Intellectual Property：Reconceptualizing Intellectual Property Interests in a Human Rights Framework［J］. University of California Davis Law Review，2007，volume 40：1039－1149.

[13] 吴汉东．知识产权的私权与人权属性——以《知识产权协议》与《世界人权公约》为对象［J］．法学研究，2003（3）：66－78.

[14] 郑万青．知识产权与人权的关联辨析——对“知识产权属于基本人权”观点的质疑［J]. 法学家，2007（5）：35－43.

[15] 刘银良．生物技术的知识产权保护［M］．北京：知识产权出版社，2009：97－98.

[16] Commission on Intellectual Property Rights. Integrating Intellectual Property Rights and Development Policy［EB/OL］．［2008－10－01］. http：//www. iprcommission. org.

[17] 伊利奇·考夫．专利制度经济学［M］．柯瑞豪，译．北京：北京大学出版社，2005：4－6.

[18] WALTON HAMILTON. Patents and Free Enterprise［R］. Washington：United States Government Printing Office，1941：25.

[19] 董金华．科学技术与政治之间的社会契约关系［M］．北京：知识产权出版社，2010：29.

[20] 朱雪忠，乔永忠．国家资助发明创造专利权归属研究［M］．北京：法律出版社，2009：2，6.

[21] 冯晓青. 知识产权法目的与利益平衡关系的实证分析——以美国《宪法》知识产权条款为例 [J]. 北京科技大学学报：社会科学版，2008 (3)：64-67.

[22] 杨志敏. 论知识产权法的目的及其实现途径 [J]. 电子知识产权，2009 (7)：17-20.

[23] MATTHEW FISHER. Fundamentals of Patent Law [M]. Oxford and Portland，Oregon：Hart Publishing，2007：272.

[24] 文家春，朱雪忠. 政府资助专利费用对我国专利制度运行的效应分析与对策 [J]. 中国科技论坛，2008 (11)：21-25.

[25] 亚当·杰夫，乔希·勒纳. 创新及其不满：专利体系对创新与进步的危害及对策 [M]. 罗建平，兰花，译. 北京：中国人民大学出版社，2007：10.

[26] 孔祥俊. 论裁判的逻辑标准与政策标准——以知识产权法律适用问题为例 [J]. 法律适用，2007 (9)：4-10.

[27] 李国光. "汉字五笔字型编码法"专利侵权之争——最高人民法院审判委员会讨论国内首例专利改进技术抗辩专利技术案件的经过及思考 [EB/OL]. (2009-10-19) [2010-03-27]. http：//www.court.gov.cn/html/article/200910/19/1428.shtml.

基于时序法的“十二五”期间专利申请量预测研究

蔡中华*

进入21世纪以来，知识产权，特别是专利权，已成为我国企业竞争的重要手段，更成为提高自主创新能力、建设创新型国家的重要组成部分。[1]一个国家的专利申请量既能反映出该国在科学技术方面的原始创新能力，又成为衡量其综合实力的重要标志。[2]

预测未来的专利申请量在许多方面都有着重要意义。对于公共政策及管理，这种预测可以看做是一种预警与监测，用于调整和控制政府的资助行为；对于学术研究，预测可以用于描绘未来的不同国家和地区创新能力的竞争情况；而对于知识产权管理部门，预测专利申请量则可以用于估测未来审查工作负荷及制定财务预算。[3]

关于专利申请量预测的研究工作，国外学者自20世纪90年代起就开始积极探索，建立了包括时间序列模型、计量经济模型、微观数据统计等多种预测模型，并取得非常好的预测结果。[4]同时，国内也有学者开始使用回归分析法、灰色预测法和模糊数学等方法开展专利预测工作。[5]

“十二五”期间，中国经济将继续保持快速增长的强劲势头，同时，创新型国家建设的需要以及中国知识产权制度的不断完善，都将使中国的专利申请继续保持快速增长的态势。本文将在相关研究的基础上，使用时间序列方法对“十二五”期间的中国专利申请量进行预测，得到了相应的预测数值和置信区间，并在此基础上给出相应的政策建议。

一、预测方法简介

时间序列分析的基本思想是将一系列随时间变化的数据看做是若干个波的叠加，将这些变化规律不同的波进行拆分并加以识别，分别建立数学模型进行描述，

* 蔡中华：北京化工大学教授。本文受国家知识产权局软课题SS07－B－13以及国家知识产权局专利受理与审批专项“申请量预测方法研究”项目的资助，曾发表于《电子知识产权》(2011年第4期)。

从而可用于预测。其基本分解式为：

$$Y=T+C+S+E$$

式中，Y 为预测工作所关注事物的时间序列数据，T 表示事物变化的长期趋势项，C 表示循环变动项，S 表示季节变动项，E 则表示偶发事件的随机干扰项。循环变动和季节变动有时也可以合并视为周期性变动，而随机干扰项通常是由一组互不相关的随机变量构成。

对于不含波动的趋势项的预测可采用趋势分析方法，使用线性模型（如直线、二阶、三阶多项式）和简单非线性模型（如逻辑斯蒂模型），对不同长度的时间序列进行系统化拟合检验。趋势分析模型的选择标准是该模型对数据的拟合优度，对于线性模型所预测的样本外数据，可以方便地借助公式计算其置信区间。趋势分析方法的优势是结构简单、操作方便，同时这种方法已在欧洲专利局和中国国家知识产权局的预测实践中取得不错的预测效果。

二、数据与实证分析

1. 数据说明

本文的实证分析中涉及的数据是指在国家知识产权局进行申请的年度专利申请量，鉴于发明专利在衡量技术创新能力方面的重要地位，下文中所指专利申请量将仅为发明专利申请量。本文所采用的数据来源于历年的《中国知识产权年鉴》《专利统计年报》。数据的简单统计汇总结果见图 1－1。

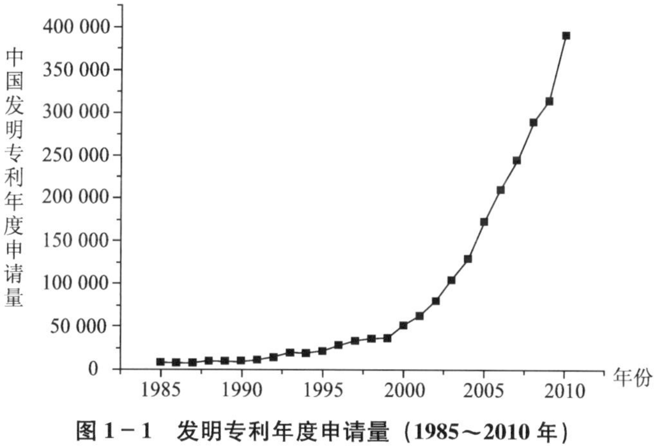

图 1－1 发明专利年度申请量（1985～2010 年）

从图 1－1 的数据趋势中可以看到，1985～2010 年，发明专利申请量随时间单调上升，并呈现加速增长趋势；在 1999 年处，申请量增长趋势有较为明显的拐点，此后增长速度明显加快。由于申请量年度数据中未表现出波动趋势，因此可以方便地使用趋势分析方法。

2. 发明专利申请总量年度预测

由图 1－1 可知，1999 年前后申请量增长趋势发生明显的变化，因此在对未来的趋势项预测中实际数据从 1999 年开始。将 2009 年、2010 年两年数据设定为样本外数据训练集，对 1999～2008 年实际序列分别作指数、线性函数和二次、三次多项式曲线拟合，以模型的拟合优度为指标，选择合适的趋势项函数（见表 1－1）。

表 1－1　趋势分析法中各拟合函数的拟合优度值

所选函数	指数	线性	二次函数	三次函数
拟合优度	0.961 1	0.984 7	0.998 7	0.964 7

根据表 1－1 所给出的拟合优度值，在实际预测过程中将选用二次多项式为趋势线函数，分别对 1999～2009 年和 1999～2010 年的数据进行趋势外推拟合训练，并与 2009 年、2010 年结果进行比较。通过对 2009 年、2010 年数据的训练，我们发现以二次函数为拟合函数将在每年产生约为 2%的高估误差，因此，在最终确立的预测模型中，使用 1999～2010 年的数据为样本数据，并对这样的模型系统误差进行了修正，得到最终的预测值（见表 1－2）。

表 1－2　趋势分析模型对发明申请量的预测结果

年　份	预测值	95%置信下界	95%置信上界	年增长率
2011	448 119	432 679	463 558	15%
2012	512 292	494 491	530 092	14%
2013	583 386	562 432	604 340	14%
2014	661 762	636 838	686 686	13%
2015	747 775	718 056	777 494	13%

使用趋势分析方法的预测结果显示，到“十二五”期末，我国发明专利申请量的总量将达到 70 多万件，同时，“十二五”期间的年平均增长率保持在 14%左右，以国际上通行的发明专利数量衡量，我们将在“十二五”期间步入真正意义上的专利大国。

在预测分析中，以二次函数作为预测拟合模型意味着我们认为 1999～2010 年的发明申请量呈加速增长，并且这种增长趋势仍将延续到未来一段时间，这一假设在国内外经济环境、研发投入强度、知识产权保护力度等因素不发生突变时可以认为是近似成立的。

3. 国内发明专利申请量年度预测

我国知识产权制度的目的之一即是通过对知识产权的保护，保护广大科技工作者和全社会的创新动力，激发创新活力，从而提高我国的自主研发能力，实现科学技术的持续进步。发明专利作为知识产权的核心组成部分，国内申请人的申请比例已成为衡量我国自主创新能力的重要指标之一。

使用之前的方法，对国内申请人在“十二五”期间的发明专利申请量进行预测，并给出相应的置信区间，同时也计算出各年国内申请占全部申请的比例（见表 1-3）。

表 1-3 趋势分析模型的国内发明申请量预测结果

年 份	预测值	95%置信下界	95%置信上界	国内申请所占比例	年增长率
2011	346 085	330 645	361 524	77%	18%
2012	406 176	388 375	423 976	79%	17%
2013	473 026	452 072	493 980	81%	16%
2014	546 987	522 063	571 911	83%	16%
2015	628 409	598 690	658 128	84%	15%

“十二五”期间，由于我国政府对科技研究工作加大投入力度，研发投入占 GDP 的比重将达到 2.5%，从而能够大力促进我国企业与科研机构的创新能力。表 3 的预测分析结果显示，国内发明专利申请量将保持快速增长趋势，年平均增长率达到 17%左右。到“十二五”期末，国内申请人发明专利申请量将达到 60 万件左右，占全部申请量的 84%，我国自主创新能力保持稳步提高。

三、结论

本文在已有的专利申请量预测方法研究的基础上，使用时间序列法，对未来“十二五”期间我国发明专利申请量进行了年度预测，预测结果表明：随着我国经济实力的快速发展，特别是此次金融危机后中国经济的率先复苏，使得国内外各类经济主体对中国市场越来越重视；同时，由于我国对知识产权保护力度的增强，也使得更多的经济主体通过专利的形式对技术研发成果进行保护，因此就促使“十二五”期间我国发明专利申请量将持续增长，年平均增长率保持在 14%左右。到“十二五”期末，我国发明专利申请总量将达到 70 多万件，以国际上通行的发明专利数量衡量，我国将在“十二五”期间步入真正意义上的专利大国。

借助创新型国家建设和科技兴国的战略实施，我国越来越重视拥有自主知识产权的技术创新活动，在“十二五”期间，随着政府加大科技研究工作的资金投入力度，研发投入占 GDP 的比重得以提高，从而刺激了国内研发主体开始重视自主核心技术的掌握，使得国内发明专利申请量增长更加明显，年平均增长率达到 17%左右。到“十二五”期末，国内申请人发明专利申请量将达到 60 万件左右，占全部申请量的84%，我国自主创新能力稳步提高。

专利申请量的预测研究，将有助于估测未来专利管理部门的审查工作负荷及人力资源规划的制定。由于发明专利所需的实质审查，发明专利申请量的这种快速增长势头，将对我国专利审查工作的工作负荷、审查效率和和审查质量带来巨大压力与挑战，日益增长的申请量与相对有限的审查人力资源增长模式之间的矛盾已经初步显现。从世界其他强局的经验看，发明专利申请量的快速增长从需求层面要求专利审查人员的数量保持相应增长，而在国家知识产权局发展的过程中，审查人力资源的增长显得相对较慢，这种现状需要在“十二五”期间得到更多的关注与改善。

参考文献

[1] 陈美章．专利制度在我国科技进步和经济发展中的作用［J］．知识产权，1998（2）：7－8.

[2] 成思危．论创新型国家的建设［J］．中国软科学，2009（12）：1－2.

[3] 马欢，蔡中华．创新力预测［M］．北京：知识产权出版社，2010：7－8.

[4] HINGLEY PETER，MARC NICOLAS. Forecasting Innovation：Methods for Predicting Numbers of Patent Filings［M］. Munich：Springer，2006：3－4.

[5] 徐晟．我国专利申请量的支持向量机预测模型研究［J］．运筹与管理，2007（5）：137－139.

MPEG LA的MPEG-4 Visual专利池分析及应对策略

李 靖*

伴随着信息技术的发展，作为信息技术重要的组成部分，图像通信技术的发展也日新月异。尤其是视频编码技术，其作为图像通信技术的基础，为了适应各种通信条件和用户需求，新的编码技术和标准层出不穷。世界上主要的编码标准都是由欧美和日本企业提出，他们掌握着各标准中的绝大部分专利技术。并且相应地组成了各标准的专利池。例如覆盖DVD行业的DVD 6C licensing Group就涵盖了DVD光盘、播放器、驱动器、录像机以及解码器技术，有效地将9名专利所有人收归旗下，共同向第三方授予收取专利许可费用。❶

同时，一些专利池会聘请专业管理公司来专门管理专利池。例如Sisvel为RFID和MPEG管理专利池，MPEG-LA为MPEG-2、MPEG-4、ATSC等管理专利池。❷ 这些管理公司职责包括：维持专利池、纳入符合条件的新的专利所有人、协调其与第三方的许可、授权以及司法程序等。❸

由于我国企业对视频编码技术的研发起步较晚，在发展初期，我国的企业必须向国外的专利所有人支付高额的专利许可费而付出了惨痛的代价。❹ 例如，在DVD行业中，由于涉及侵犯MPEG-2视频编码标准的专利技术，著名的“DVD之战”使多家中小型企业倒闭、或转产，大型企业也付出了高额的专利费。甚至有些企业还被推上了被告席。例如，MPEG LA公司中获得MPEG-2组合专利许可的专利持有人，分别在纽约南区地方法院和德国杜塞尔多夫州地方法院，对联想公司提起专利侵权诉讼，❺ 称联想在美国和德国市场销售的电脑、软驱、光驱以及蓝

* 李靖：国家知识产权局专利局审查员，北京化工大学项目管理（知识产权管理方向）硕士。

❶ 陈欣．国外企业利用专利联盟运作技术标准的实践及其启示［J］．科研管理，2007（4）．

❷ 周春慧．“一站式标准专利技术准入”的专利管理模式：MPEG专利管理公司运作模式简介及ATSC专利池许可发布［J］．电子知识产权，2007（12）．

❸ 姚远，宋伟．专利标准化趋势下的专利联盟形成模式比较：DVD模式与MPEG模式［J］．科学学研究，2010（11）．

❹ 郑胜利．我国信息技术领域国家基础设施技术标准与专利池制度构建［J］．电子知识产权，2007（10）．

❺ GOLDSTEIN，SETH. Consolidation of DVD Royalties Collection is Goal of MPEG LA［J］. Billboard，1997 Vol. 1-9，No. 32：3.

光光驱侵犯了其 MPEG－2 数字压缩标准有关的专利技术。

可以预见，随着我国在视频编码技术领域中拥有的专利数量和质量的不断提升，将来在视频编码技术领域中，我国企业与国外企业在知识产权方面的冲突和诉讼将会越演越烈。

本文选择 MPEG LA 公司中 MPEG Visual 标准专利池进行研究，对公布在 MPEG LA 公司主页上的中 MPEG Visual 标准专利池中的专利申请列表进行分析，其中对每项专利的研究主要包括时间、地域以及技术的研究，侧重于对技术内容的分析，以期对各大企业的研发方向和专利预警提供帮助。

一、MPEG－4 VISUAL 标准的发展以及特点

1999 年 12 月由 ISO/IEC 制定了 MPEG－4 标准，MPEG－4 标准支持 8 项新的功能或者改进的功能。MPEG－4 标准设系统、音频、视频、需求、实现研究、测试及自然合成混合编码 SNHC 子组。其提供了非常强的交互能力。场景中的每一个对象都是独立编码，用户可以根据需求选择性地与其中某几个对象交互。重新进行组合就意味着能够集成多种音视频对象（Audio-Visual Objects，AVO），实现自然信息和合成后的信息等各种信息的重组。用户可以通过 MPEG－4 定义的系统框架传输各种信息，各种传输网络提供的信息最终以本地信息的形式提供给用户。同时支持基于内容的可缩放性以及较高的服务质量（Quality of Service，QoS）。

二、MPEG－4 Visual 专利池的总体状况

目前 MPEG－4 Visual 标准专利池中共包括 29 位申请人，不包括同族专利，共有 358 项专利，包括同族专利在内，共有 1096 项专利。

1. 不包括同族专利的分布特点

29 位申请人中，日本 13 家，韩国 4 家，美国 6 家，欧洲 6 家，没有一家中国企业。申请人的分布情况如图 1－2 所示。

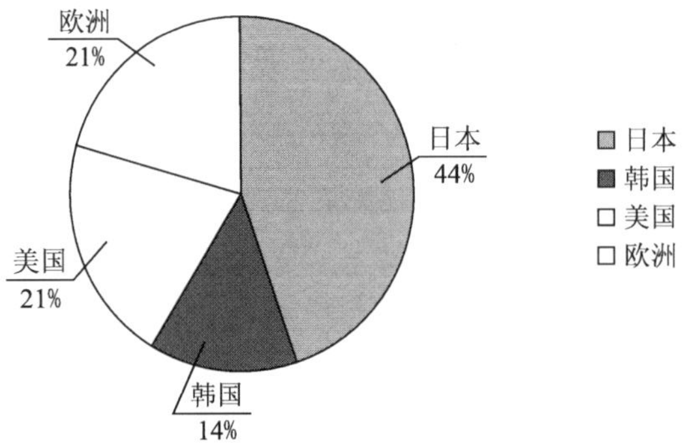

图 1－2　申请人分布状况图

其中日本企业占据的比例最大，占据了44%，其次为美国和欧洲分别占据21%，韩国占据14%。这形成了日本企业对涉及该标准的相关技术和产品的绝对控制权。

而在358项专利中，日本申请人拥有266项，韩国申请人拥有62项，欧洲申请人拥有21项，美国申请人拥有9项。其所占比例如图1－3所示。

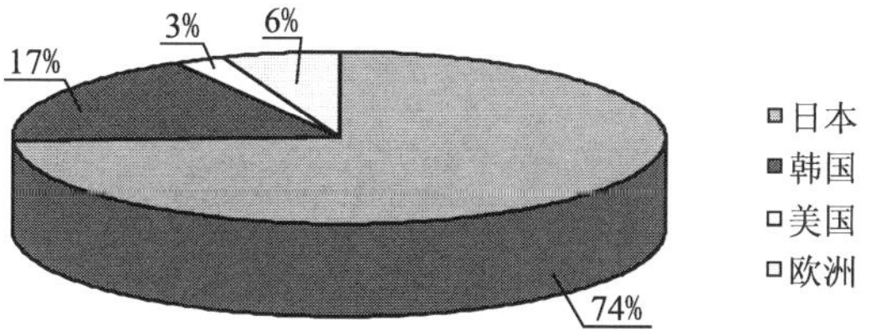

图1－3 申请人所属国家比例图

其中日本企业占据的比例最大，占据了74%，韩国占据17%，欧洲占据6%，美国仅占3%。由此可知，在MPEG－4 Visual标准专利池中，日本不仅仅是在涉及的企业数量上占据第1位，在拥有的专利数量上，也遥遥领先其他国家和地区，占据第1位。

图1－4示出了申请量占前10位的申请人、各申请人拥有专利的数量以及所占比例。

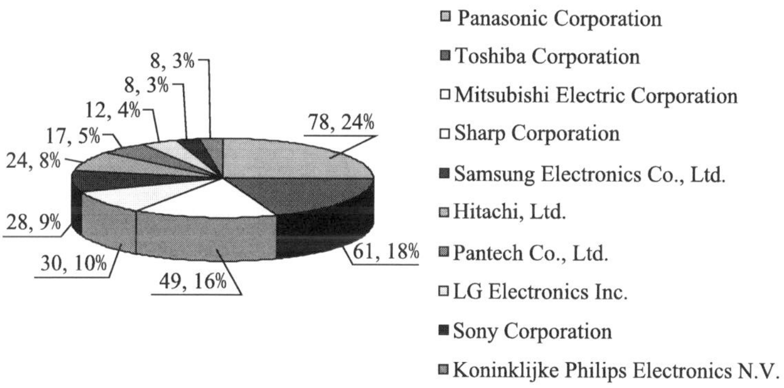

图1－4 申请人所占比例图

根据图1－4我们可以看出，上述前10位申请人拥有315件专利申请。而该专利池中，不包括同族在内，总数为358项专利。前10位企业占据了高达87.98%。其中日本申请人有6家，韩国申请人有3家，欧洲只有1家。在数量占据前10位的企业中，日本企业拥有的数量为257件，日本企业所拥有的申请的数量占前10位企业拥有的总数量的79.81%。

2. 包括同族专利在内的分布特点

如果将同族专利计算在内，共有 1096 项专利。其中，日本申请人拥有 790 项，韩国申请人拥有 139 项，欧洲申请人拥有 133 项，美国申请人拥有 37 项。所占比例如图 1－5 所示。

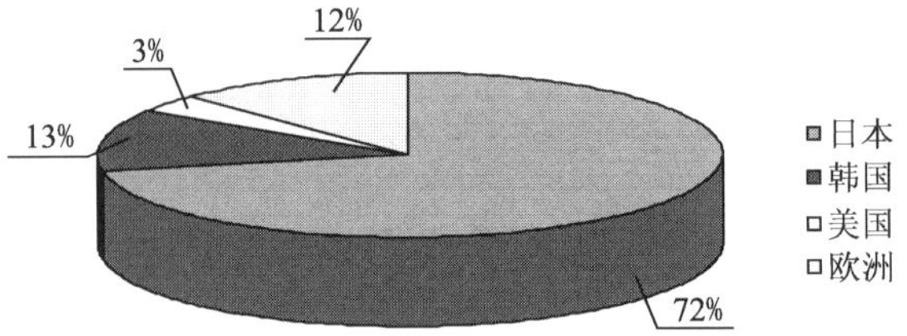

图 1－5 申请人所属国家比例图

由图 1－5 可以看出，日本申请人所占的比例非常高。日本企业占 72%，韩国企业占 13%，欧洲企业占 12%，而美国企业只占 3%。

前 10 位申请人拥有 955 件专利申请。而该专利池中，包括同族专利在内，总数为 1096 项专利。前 10 位企业占据了高达 87.13%。

其中日本申请人有 6 家，韩国申请人有 2 家，欧洲有 2 家，美国没有。各申请人所占比例可以参见图 1－6。

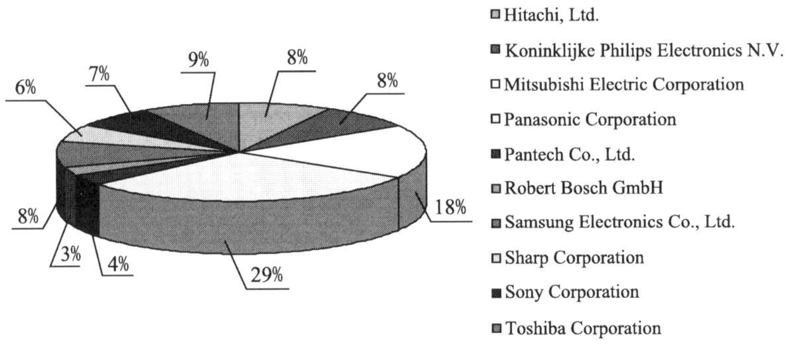

图 1－6 申请人所占比例图

由图 1－6 可以看出，在数量占据前 10 位的企业中，日本企业拥有的数量为 758 件，日本企业所拥有的申请的数量占前 10 位企业拥有的总数量的 79.37%。

三、时间分布特点

通过对 1096 项专利的申请日进行统计得出申请数量和年份的对应关系，如图 1－7 所示。

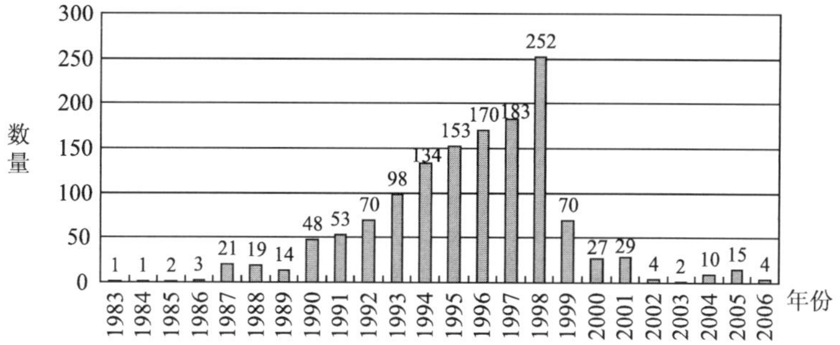

图 1－7　申请日分布图

由图 1－7 可以看出，申请日分布于 1983～2006 年，从 1990 年起出现明显的上升趋势，到 1998 年达到峰值，自 1999 年后数量大幅下降，到 2006 年终止。进一步分析可知：加入 MPEG LA 的 MPEG－4 Visual 专利池的专利申请，最早申请于 1983 年，最晚于 2006 年。从 1990 年开始，加入该专利池的专利数量开始快速增加。至 1998 年达到了最大数量。此后，加入该专利池的专利申请数量开始下降。根据先前的了解可知，MPEG－4 标准于 1999 年提出并制定。由此可以看出，加入本专利池的公司在该标准提出之前的 9 年时间内，纷纷增强了在 MPEG 视频编码方面的技术的研发和专利申请提交数量。在专利申请数量达到顶峰的 1998 年，意味着该项技术的研发已经趋于成熟和完善，已经具备形成完整的编码标准的条件。因此，于 1999 年提出并通过了 MPEG－4 视频编码标准。

由于发明专利的有效期是 20 年，因此可以从上面的数据得出该专利池中专利有效数量和年份的对应图，如图 1－8。

由图 1－8 我们可以得出，截至 2011 年已经有 112 项专利过了有效期。并且，自 2012 年起，每年失效的专利将会递增，到 2018 年达到峰值。2018 年后，每年失效的专利申请数量将会大量减少。并且，专利池中的有效专利数量也已经大幅度减少。

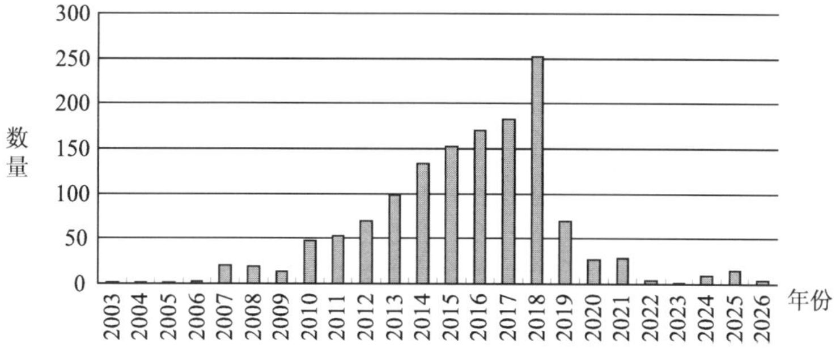

图 1－8　有效期分布图

四、地域分布特点

经过统计，专利池中 1096 项专利中，包括总共向 45 个国家或地区提交的申请。其中，数量占前 10 位的国家或地区为：美国 211 件、日本 176 件、英国 83 件、法国 82 件、德国 82 件、韩国 67 件、中国 62 件、荷兰 42 件、意大利 36 件、西班牙 36 件。以上 10 个国家或者地区的总数为 877 件，占全部 1096 件的约 80%。

以上 10 个国家或者地区的数量占全部专利申请的比例参考图 1－9。

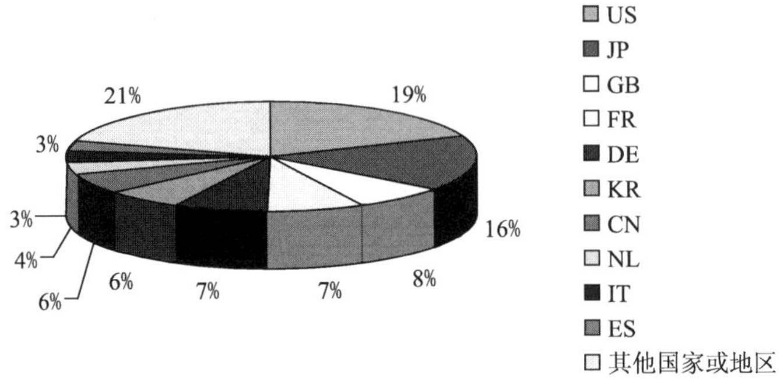

图 1－9 前 10 位国家所占比例图

五、技术分析

根据每一件申请所涉及的技术，对包含同族专利申请的 1096 件专利进行归类。经过统计分析，获得了涉及各项技术的专利数量。具体如下：运动预测/补偿 128 件、VLC 变长编解码 144 件、形状编码 49 件、VOP/VBV80 件、DC/AC 系数 98 件、误配控制 87 件、MPEG－4/H.263 共 121 件、帧显示 66 件、量化 42 件、同步编码 50 件、缩放技术 70 件、抽样 108 件、SPRITE27 件、其他技术 36 件。

(1) 运动预测/补偿。在 MPEG－4 Visual 标准专利池中，涉及运动预测/补偿技术的专利共有 128 件，占 12%。其中上述 128 件申请所涉及的国家包括：奥地利 1 件、瑞士 2 件、德国 9 件、丹麦 1 件、西班牙 2 件、芬兰 4 件、法国 8 件、英国 15 件、希腊 1 件、意大利 7 件、日本 25 件、韩国 14 件、荷兰 7 件、瑞典 2 件、美国 30 件。

(2) VLC 变长编解码。在 MPEG－4 Visual 标准专利池中，涉及 VLC 变长编解码的专利共有 144 件，占 13%。其中上述 144 件申请所涉及的国家包括：奥地利 2 件、比利时 1 件、瑞士 1 件、德国 10 件、西班牙 1 件、芬兰 1 件、法国 12 件、英国 10 件、意大利 2 件、日本 21 件、韩国 8 件、列支敦士登 1 件、卢森堡 1 件、摩纳哥 1 件、荷兰 5 件、瑞典 4 件、澳大利亚 3 件、波兰 2 件、中国 10 件、墨西哥6件、美国32件。

(3) 形状编码。在MPEG-4 Visual标准专利池中，涉及形状编码的专利共有49件，占4%。其中上述49件申请所涉及的国家包括：奥地利1件、瑞士1件、塞浦路斯1件、德国3件、芬兰3件、英国5件、希腊1件、意大利3件、日本7件、韩国5件、荷兰1件、葡萄牙1件、瑞典2件、美国7件。

(4) VOP/VBV。在MPEG-4 Visual标准专利池中，涉及VOP/VBV的专利共有80件，占7%。其中上述80件申请所涉及的国家和地区包括：奥地利1件、中国1件、德国7件、中国香港1件、芬兰1件、法国8件、英国8件、爱尔兰1件、马里1件、马来西亚2件、意大利3件、日本12件、韩国8件、荷兰2件、美国32件。

(5) DC/AC系数。在MPEG-4 Visual标准专利池中，涉及DC/AC系数的专利共有98件，占9%。其中上述98件申请所涉及的国家和地区包括：中国4件、挪威2件、几内亚2件、中国台湾5件、刚果2件、加蓬1件、贝宁1件、加拿大2件、德国4件、西班牙4件、法国8件、英国8件、意大利8件、日本14件、韩国6件、美国27件。

(6) 误配控制。在MPEG-4 Visual标准专利池中，涉及误配控制的专利共有87件，占8%。上述87件申请所涉及的国家包括：比利时1件、瑞士1件、中国4件、德国10件、西班牙4件、芬兰1件、法国7件、英国8件、意大利8件、日本14件、韩国12件、美国17件。

(7) 帧显示。在MPEG-4 Visual标准专利池中，涉及帧显示的专利共有66件，占6%。上述66件申请所涉及的国家和地区包括：中国4件、加拿大1件、德国8件、西班牙4件、中国香港6件、英国4件、意大利5件、法国6件、荷兰4件、日本8件、韩国6件、美国10件。

(8) MPEG-4/H.263。在MPEG-4 Visual标准专利池中，涉及MPEG-4/H.263的专利共有121件，占11%。上述121件申请所涉及的国家包括：德国15件、法国15件、英国16件、日本11件、荷兰16件、美国3件。

(9) 量化。在MPEG-4 Visual标准专利池中，涉及量化的专利共有42件，占4%。上述42件申请所涉及的国家和地区包括：中国2件、德国1件、西班牙4件、法国1件、英国4件、意大利2件、墨西哥2件、中国香港1件、俄罗斯2件、日本4件、韩国1件、荷兰2件、美国8件。

(10) 同步编码。在MPEG-4 Visual标准专利池中，涉及同步编码的专利共有50件，占5%。上述50件申请所涉及的国家包括：中国6件、德国6件、西班牙4件、法国7件、英国4件、瑞典2件、意大利2件、墨西哥2件、俄罗斯1件、日本4件、韩国2件、荷兰3件、美国7件。

(11) 缩放技术。在MPEG-4 Visual标准专利池中，涉及缩放技术的专利共有70件，占6%。上述70件申请所涉及的国家包括：中国5件、德国9件、西班牙8件、法国7件、英国5件、意大利2件、墨西哥3件、喀麦隆2件、列支敦士登3件、日本5件、韩国4件、荷兰6件、美国11件。

（12）抽样。在MPEG－4 Visual标准专利池中，涉及抽样的专利共有108件，占10%。上述108件申请所涉及的国家包括：中国2件、德国7件、丹麦7件、西班牙8件、法国11件、英国11件、几内亚比绍2件、中非共和国1件、意大利6件、墨西哥3件、日本11件、韩国8件、荷兰10件、美国21件。

（13）SPRITE。在MPEG－4 Visual标准专利池中，涉及SPRITE的专利共有27件，占2%。上述27件申请所涉及的国家包括：法国3件、英国3件、意大利2件、日本6件、韩国3件、荷兰4件、美国6件。

六、应对策略

1. 针对时间分布上的策略

根据对MPEG LA的MPEG－4 Visual专利池中的专利在时间上的分析可以知道，专利的申请日主要分布于1983～2006年，从1990年其出现明显的上升趋势，到1998年达到峰值，自1999年后数量大幅下降，到2006年终止。这说明，MPEG－4 Visual技术在2000年已经趋于完善，已经没有专利申请。这意味着其他国家或地区的企业已经不再对该项技术进行进一步的研发。而转向推出更新的技术。目前，我国企业不应当在该项技术的研发上再投入经济资源和人才资源。从提高企业的研发能力和技术领先水平上考虑，我国企业应该重点关于其他国家或地区的企业的新的技术研发点，从而确定我国企业自己的技术研发点，以保持我国企业的技术始终站在领先的地位。而从对现有技术最大利用以产生最大效益的角度上考虑，我国企业则应当将重心转移到如何切实利用该标准专利池中的专利技术，并且避免高额的专利费。由此，就需要结合MPEG LA的MPEG－4 Visual专利池中专利有效期的分析来进行探讨。

根据从MPEG LA的MPEG－4 Visual专利池中的专利在有效期上的分析可知，截至2011年已经有112项专利过了有效期。并且，自2012年起，每年失效的专利将会递增，到2018年达到峰值。2018年后，每年失效的专利申请数量将会大量减少。并且，专利池中的有效专利数量也已经大幅度减少。

对于我国企业而言，这意味着，目前可以免费使用的该专利池中的专利为112项，并且以后将会逐渐增加。对失效专利的使用可以避免高额的专利许可费和授权费。另外，由于高额的许可费或者专利授权使用费，很多专利没有被许可他人使用。但是，有可能该项技术已经落后，包含该项技术的产品已经不具有市场竞争力。因此，我国企业需要一方面追踪所有专利，根据该专利的有效期，确定每年可以使用的专利；另一方面，根据市场前景来分析涉及该专利的产品是否具有市场前景，对具有好的市场前景的商品，应当提前研发制造，并与该专利失效后投放市场，以避免专利许可费，同时获得经济效益。此外，对于由于高额的许可费或者专利授权使用费而没有任何企业获得许可使用的专利技术而言，将该技术应用于产品上无疑会形成新的竞争力。因此，对这一类失效专利的使用实际上是在不用付出任何经济资源和人力资源的基础上获得最新产品的一种途径。因此，我国企业务必加强对从 MPEG LA 的 MPEG－4 Visual 专利池中专利有效性的年度分布的关注。

此外，由于专利的独占性这一特点，造成了该项技术在存在越多的有效专利的情况下，受到的保护和限制就越大。需要获得许可所要付出的代价就会越大。那么一旦获得许可或者授权，该产品在市场上就会具有很强的市场竞争力，而且竞争对手数量较少。而自 2012 年起，每年失效的专利将会递增，到 2018 年达到峰值。2018 年后，每年失效的专利申请数量将会大量减少。并且，专利池中的有效专利数量也已经大幅度减少也就意味着，这足以说明，该项技术的竞争力保持不会太久，由于到 2018 年后，几乎很少有有效专利，那么对该项技术的壁垒也会很少。因此，可免费使用的专利数量很多。各国企业，尤其是小型企业可以加入到涉及这些技术的产品的制造中，也就意味着我国企业所生产的涉及该技术的产品在市场上的竞争对手会越来越多。因此，需要我国企业根据免费使用该项专利能够获得的效益和市场竞争等多方面考虑，来综合选择相应的技术。同时，在涉及该项技术的大多数专利即将到期的情况下，我国企业应当适时的选择新的技术方向或者产品类型。

2. 针对地域分布上的策略

根据前面对 MPEG LA 的 MPEG－4 Visual 专利池中的专利在时间上的分析可以知道，专利数量占前 10 位的国家为：美国 211 件、日本 176 件、英国 83 件、法国 82 件、德国 82 件、韩国 67 件、中国 62 件、荷兰 42 件、意大利 36 件、西班牙 36 件。以上 10 个国家的总数为 877 件，占全部 1096 件的约 80%。

首先，以上的 10 个国家是目前视频电子产品的最大的市场，同时又是最大的研发企业所在地。在产品的最大市场申请专利保护，其目的在于通过向产品生产厂商收取专利许可费和授权使用费，从而获得商业利益。其次，通过收取高额的专利许可费或者授权使用费，使得产品生产商的产品在该地区价格上涨，失去市场竞争力而退出该市场，从而使得专利持有人独霸该产品市场，形成垄断，以扩大商业利益。通过在研发企业所在地区申请专利保护，可以直接有效地遏制竞争对手的研发能力，使竞争对手不能在一项技术上形成长期有效的研发，阻止该竞争对手在某一项技术上连续开发出具有领先优势的产品。

因此，我国企业在进行产品研发前的专利分析时，首先要根据上述地域特征，确定所要主推的产品市场，也就是相应的国家或者地区。然后，根据该国家或者地区分布的专利申请，对其进行研究分析，确定出适合在该地区销售和使用，并且不需要交纳专利许可费的产品；或者确定出在该地区具有良好市场前景的产品，进而通过对专利技术的分析研究，提出新的解决方案或者替代技术，从而合理规避上述专利保护，避免专利侵权和被诉。

就目前的分布状态而言，分布在我国的专利达到62件，也就意味着，MPEG LA的MPEG-4 Visual专利池对中国市场存在一定的影响。我国企业应当首先分析研究上述62件专利，确定新的研发方向，或者研发新的方案和技术，在确保不出现侵权和被诉的前提下，开发出具有市场竞争力的产品。

此外，上述数据显示，分布在美国、日本的数量最多，这说明上述国家的视频技术领域发展已经非常成熟。并且，上述市场的新产品竞争非常激烈，专利竞争也非常激烈。尽管上述国家是最大的产品市场，但是激烈的竞争，使得进入该市场的产品需要具有高度的自主知识产权，以及价格优势。此外，上述国家分布的专利数量最多，意味着在上述国家中，对该技术的专利保护已经形成了完善的体系。其他企业通过研究分析，研发出具有自主知识产权的新产品的可能性已经比较小。因此，在选择上述国家作为产品主要市场时，必须要对上述国家分布的专利进行研究分析，寻找出规避分布在上述国家的专利的新方案，进而研发出新产品。但是，这需要在前期分析和技术研发上投入大量的经济资源和人才资源。

分布在英国、法国、德国、中国、韩国的数量在50件以上。说明该技术在上述国家的发展比较成熟，另一方面，上述国家是该技术产品的一般消费市场。这意味着，在上述国家或者地区，企业通过分析研究和研发，是能够研发和出口具有自主知识产权的产品。而且，市场竞争较美国和日本而言，不太激烈。因此，我国企业通过对分布在上述国家的专利进行分析研究，提出新的解决方案，研发出新的技术的可能性较大。

对于荷兰、西班牙、意大利而言，分布在上述三国的专利数量比较少。这说明，在上述国家中，涉及该技术的专利保护还不够完善，而且市场竞争也不激烈。我国企业可以重点选择上述国家的专利进行分析研究，研发出新的产品，进而占领上述国家的市场。对于其他分布数量较少或者没有分布专利的国家，我国企业应当尽快对分布在该国的专利进行分析研究，开发产品。并且同时向上述国家出口产品，以获取最大经济利益。如果产品是在我国生产制造，在研究分析过程中，务必要注意对分布在我国的专利进行分析研究，以免出现侵权和被诉。如果产品是在相应国家生产制造，并且仅在当地销售，则仅需要对该国家分布的专利进行分析研究即可。

3. 针对技术分布上的策略

经过统计分析，获得了涉及各项技术的专利数量。专利数量在100件以上的技术有：运动预测/补偿128件、VLC变长编解码144件、MPEG-4/H.263共121件、抽样108件；专利数量在50以上的技术有：VOP/VBV 80件、DC/AC系数

98 件、误配控制 87 件、帧显示 66 件、同步编码 50 件、缩放技术 70 件；而专利数量在 50 件以下的技术有：量化 42 件、形状编码 49 件、SPRITE 27 件、其他技术 36 件。因此，当我国企业的研发选择涉及运动预测/补偿、VLC 变长编解码、MPEG－4/H. 263、抽样技术时，该专利池所产生的影响较大。因此，需要我国企业首先选择对该专利池进行研究，并且对该专利池中涉及上述技术的专利进行相应的分析研究。当我国企业的研发选择涉及 VOP/VBV、DC/AC 系数、误配控制、帧显示、同步编码、缩放技术时，则该专利池所产生的影响较大。我国企业只需要对上述技术的专利进行研究分析，同时考虑研究其他专利池中相关技术的专利。而量化、形状编码、SPRITE 三项技术在该专利池中所占的比例较小。因此当我国企业研发选择涉及上述三项技术时，可重点选择其他专利池进行研究，然后仅对本专利池中上述专利进行分析研究即可。

此外，我国企业可以根据自身研发方向，关注相应技术的专利的有效期，从而有效利用该专利池。例如：当我国企业的研发方向涉及 VOP/VBV 时，则需要对该 80 件专利进行跟踪研究，以便关注其有效期和有效的地域范围。从而避免侵权和被诉，同时，可以及时利用失效专利的技术，创造最大经济利益。

七、结束语

经过分析后认为，我国企业仍然存在合理规避上述专利池以及和有效利用该专利池中失效专利的可能性。这就要求企业根据自身特点、市场区域，结合该专利池中的专利的时间分布特点、地域分布特点以及技术特点，制定出周密翔实的企业应对策略。并且将该策略切实贯穿于企业确定产品研发方向、实施产品研发以及产品销售出口三个方面。在确保自己的产品不侵犯别人的专利权的同时，生产出具有自主知识产权、具有广泛市场的产品，以实现企业利益的最大化目的。

专利创造性判断之比较研究

方慧聪　和育东*

创造性是专利制度的核心，是专利法上的“精灵”。在理论上它是专利制度正当性的基础，在实践中专利审查与诉讼的焦点。❶ 创造性判断具有很强的主观性，为使创造性标准客观化，美国率先提出“非显而易见性”的评判标准，并为许多国家所接受。❷ 但是，非显而易见性标准并没有终结创造性给专利法带来的不确定性，因为非显而易见性本身就是“非显而易见”的。随着专利的国际化发展，对各国判断专利创造性的标准进行比较研究显得非常必要。

一、专利创造性条件的历史渊源和制度价值

（一）创造性条件的确立

在现代专利法上，把创造性作为可专利性条件的第一个国家是美国。一般认为，1850 年豪茨可斯（Hotchkiss）案被认为是创造性标准确立的标志。❸ 但在 1850 年之前，创造性已经长期被孕育在新颖性中，只是没有脱胎出来而已。

托马斯·杰弗逊就曾努力在新颖性和实用性这两个条件之上增设创造性条件。❹ 在他关于专利的著名的通信中，他设想了以下创造性审查标准：材料变换不得授予专利；形状变化不得授予专利；已有工具的组合使用不得授予专利。❺

1793 年美国专利法的一项条款规定，不承认对已知装置的形状或结构进行微小改变具有可专利性。❻ 1822 年，美国联邦最高法院大法官斯托雷（Story）在一

---

* 方慧聪：国家知识产权局专利局审查员，光电部处长。和育东：北京化工大学文法学院见习教授。

❶ 比如在美国，专利无效与侵权均由法院受理并审查，以缺乏创造性为由诉请无效案比以缺乏新颖性为由诉请无效案更为普遍，而以缺乏实用性为由诉请无效案则寥寥无几。

❷ 我国在《专利法》立法草案中曾援用了国际上通用的“显而易见”的概念，但在国务院法制办修改时取消了这一提法。参见：赵元果．中国专利法的孕育与诞生［M］．北京：知识产权出版社，2003：274.

❸ *Hotchkiss v. Greenwood*，2 U. S. 248（1850）.

❹ 根据美国 1790 年《专利法》，由国务卿牵头，与战争部长、司法部长三人组成设置在国务院内的专利审查机构，只要其中的两人同意就可以颁发专利，时任国务卿、后来成为美国第三任总统的托马斯·杰弗逊成了美国最早的专利审查员。

❺ *GRAHAM v. JOHN DEERE*，383 U. S. 1.

❻ EDMUND W. KITCH. Graham v. John Deere Co.：New Standards for Patents［J］. 1966 SUP. CT. REV. 293，318.

项判决中表示，由于所诉专利与某一在先发明“在原理上实质相同”，因而是无效的。[1] 这些立法或判例是创造性要求的萌芽。

尽管立法者和司法者都承认创造性条件的存在，但美国国会在1790～1850年间对专利法的五十多次修改和编纂中，始终回避增加创造性条件，这主要是由于美国宪法的知识产权条款使用“新的和有用的”一词，因此增设创造性条件会导致违宪。鉴于此，创造性在实践中只能被解释为新颖性的内容。

1850年，美国联邦最高法院在豪茨可斯案判决一项专利缺少灵感而无效。[2] 该案涉及的专利为组合性发明，由门把手、柄部和轴部组成，其创新点在于门把手用黏土或陶瓷做成，而现有技术中用的木头材料容易变形或裂开，用的金属材料容易生锈。联邦最高法院多数法官认为，该专利与现有技术的区别仅仅是材料的替换，缺少“灵感或发明”，因此是无效的。此后，美国法院遵循这一判例，创造性成为专利有效性的条件之一。

该案对创造性的贡献在于，它明确提出创造性的标准是“灵感或发明”。“灵感”标准把对发明创造性判断的对象从发明客体转向发明思维过程，要求发明过程体现灵感和创意。我们知道，新颖性判断只是发明对象与对比文件之间相比较，不涉及发明过程，因此，灵感标准的提出，使创造性判断从新颖性判断中分离出来，催生了创造性条件。该案对创造性的另一个贡献在于，它提出创造性判断中的“本领域技术人员”概念，[3] 这在创造性判断客观化历史上具有重要意义。

美国联邦最高法院法官克拉克（Clark）于1966年在格瑞厄姆（Graham）案的判决中，[4] 对美国宪法第1条第8款第8项作出扩大解释，把激励理论与创造性条件结合起来：“授权国会通过使发明人对其发明获得有期限的排他权利，来促进有用技艺的进步，这既是授权，也是限权。国会在行使这项权力时不得超出这一宪法目的的限制。国会不得扩大专利垄断，而不考虑由此所能得到的创新、进步或社会利益。而且国会不得因授予专利而导致把已经存在于公共领域的知识移走，或限制人们自由获取本来能够获得的材料。……在该条款的范围和限制内，国会可以建立可专利性的条件和检测。”这种解释为创造性条件的确立提供了宪法依据。

（二）专利创造性条件的制度价值

专利制度力图寻求专利权人利益与公众利益的平衡。专利创造性为专利权的授予设置了门槛，这个门槛过高或过低，都会破坏专利制度的利益平衡，因此专利创造性条件是达致平衡点的一个重要的制度砝码，成为专利正当性的一块基石。

---

[1] *EVANS v. EATON*, 20 U.S.356, 362 (1822).

[2] *HOTCHKISS v. GREENWOOD*, 2 U.S.248 (1850).

[3] 该案中的表述为“an ordinary mechanic acquainted with the business”，即后来美国使用的PHOSITA (person having ordinary skill in the art) 标准。

[4] *GRAHAM v. JOHN DEERE*, 383 U.S.1.

专利制度的自然权利理论认为，专利发明者把自己的劳动融入其成果中，自然有权享有对该成果的垄断性的排他权。❶ 马克思在洛克的劳动自然权利论基础上发展出劳动价值论，并以此为前提揭示出资本主义把劳动力转化为商品的本质。沿着马克思的思路推理下去，专利制度实质上是在把创造性劳动转化为叫做专利权的特殊商品。有学者用马克思的劳动力转化为商品的思想，为专利的创造性条件提供理论解释，提出既然创造性劳动具有商品的属性，要在市场中实现交换价值，而这种特殊商品是经由专门的机构审查之后提供给市场的，因此，"专门的政府机构必须要确保每一项谋取专利制度保护的发明创造均具有可转换为相当交换价值的使用价值"，❷ 也就是说，政府机构为了确保通过它审查后提供给市场的商品——专利都能够货真价实，就需要在审查时设置创造性这一门槛。这种解释在自然权利理论框架下论证了专利创造性条件的必要性和合理性。

专利制度的激励理论认为，通过专利提供一定时期的排他权利，是对发明人的激励，从而促进社会的创新。激励理论有一个认识前提，就是赋予发明者排他权即意味着公众要付出代价，比如专利产品因供给垄断而价格昂贵。因此，激励理论不认为专利排他权是自然权利，而是考量社会利益后作出的制度选择。什么样的发明值得保护、值得公众忍受排他专利带来的窘迫，什么样的发明不值得保护、不值得公众忍受排他带来的窘迫，要画个界线，这个界线的标准就是创造性。正是有了这个界线，有了创造性的标准，专利制度才能经受得住以垄断之名对专利制度的诘难。

专利制度的契约论认为，赋予发明人以一定期限的排他权，以换取发明人将其发明内容公之于众，是公众与发明人之间的交易，专利就是这种交易的表现形式，即契约。契约理论对申请文件的撰写要求、权利要求的解释、权利保护范围的确定等具有重要的理论意义。专利的创造性条件在契约理论上的解释是：不同发明的水平有高有低，价值有大有小，但授予专利权的发明一律享受 20 年期限的排他权利，因此，为保证每项专利都为 20 年排他专利权提供足够的对价，就需要对专利设置一定的条件，剔除那些发明水平不高、价值不大的发明，这一条件就是创造性。

尽管创造性有如此大的制度价值，但如何将创造性标准客观化，却是摆在各国专利工作者面前的一个难题。在可专利性的三个条件即新颖性、创造性、实用性中，创造性的评价是最具主观性的。如果把可专利性条件比作过滤器，考虑到现有技术，这个过滤器可细分为第一和第二过滤器：第一过滤器是一个粗筛过滤器，将明显无可专利性的发明排除；第二过滤器是细筛过滤器，创造性成为测试所申请发明是否值得给予 20 年独占权的一种细筛过滤器，当一件专利申请能够通过它的话，

---

❶ JOHN LOCKE. Second Treatise on Government，Chapter Ⅴ，paragraph 26.

❷ 王澄．论创造性［M］//国家知识产权局条法司．专利法研究 2001. 北京：知识产权出版社，2001：207.

则变成一项专利。❶ 为了实现对专利申请人的公平，并提高可专利性条件的确定性，就要尽量使这个细筛过滤器的每个网眼都一样大或一样小。要做到每个网眼一样大，就要使专利创造性的标准客观化。

二、美国专利创造性判断的客观化

（一）“四因素”法

美国专利法第103条把创造性规定为“非显而易见性”：“一项发明虽然没有如本法第102条所规定的那样被相同地披露或记载过，如果要求专利保护的发明主题与现有技术的区别，使得在该主题所属领域的普通技术人员，从作出该发明的时刻看来，该发明主题作为一个整体是显而易见的，则不能获得专利。可专利性不因作出发明的方式而被否定。”❷

美国联邦最高法院在1966年的格瑞厄姆案对专利法第103条加以解释，提出了非显而易见性判断的“四因素”方法：“依照103条，现有技术的范围和内容要决定下来；现有技术与所审查的权利要求之间的区别要明确；相应领域的普通技术水平要确定。在这样的背景下，确定所述主题是显而易见的还是非显而易见的。作为辅助性考虑，商业上成功、长期渴望解决的需求、他人的失败等，应当用来评价所申请专利的主题所处的客观环境。”美国《专利审查指南》要求审查员按格瑞厄姆“四因素”法进行非显而易见性审查。❸

1. 决定现有技术的范围和内容

在新颖性判断中，进行对比的现有技术范围包括所有技术领域。但在创造性判断中，进行对比的技术范围只限于与所审查发明相同或相关领域，其中相关领域是指与发明所解决问题有关联、从而本领域技术人员在面对该技术问题时会合理地想到去该相关领域寻求解决方法的领域。这样限定现有技术的范围，增加了非显而易见性审查的确定性。如果不对现有技术的范围进行限制而以全部现有技术作对比进行非显而易见性审查，可以说每一项新发明的所有技术特征，都可以在现有技术中找到，并可能因此得出每一项发明均为显而易见的结论。❹

2. 明确现有技术与所审查的权利要求之间的区别

确定现有技术与所审查的权利要求之间的区别，是判断非显而易见性的前提之一。非显而易见性判断，不是判断这些区别本身对本领域技术人员而言是否为显而

---

❶ 这一描述与专利审查实践是一致的，即先审查实用性、新颖性，最后审查创造性。

❷ 35 U. S. C. § 103.

❸ U. S. Patent and Trademark Office (USPTO). Manual Of Patent Examining Procedure [M]. 2th ed. 2004: 2100－2120.

❹ 阿瑟·R. 米勒，迈克·H. 戴维斯. 知识产权法：专利、商标和著作权 [M]. 北京：法律出版社，2004: 87.

易见的，因为这些区别的存在肯定是显而易见的；而是将该发明作为一个整体，把这些区别与其他因素结合起来，考虑作出该发明是否是显而易见的。

3. 确定相应领域的普通技术水平

在确定相应领域的普通技术水平时，美国使用了“本领域技术人员”的概念。本领域技术人员是对“创造性”判断主体的限定。美国专利法学者把创造性判断比作侵权法上的过失判断，需要依赖事实而逐案作出，而创造性判断中的本领域技术人员概念，与过失判断中的理性人概念一样，提供了一个客观化的判断基准。创造性判断中的“本领域技术人员”概念与过失判断中的“理性人”概念至少在以下三个方面相接近：首先，二者都是假设的人；其次，理性人所要求的行为标准是其所属社区中人们的行为标准，而专利法上的本领域技术人员标准也是为特定技术领域所确定的标准；第三，理性人标准不等于法官或陪审团成员自身的行为标准，本领域技术人员标准也不能由法官或陪审员按自身标准来确定。[1]

关于如何确定本领域技术人员的普通技术水平，美国《专利审查指南》认为，要随不同技术领域、不同案件而逐案确定，一般要考虑以下因素：

（1）发明者的教育水平；

（2）该项技术所要解决问题的类型；

（3）以前对该类型问题在现有技术中是如何解决的；

（4）在该项技术中创新的速度有多快；

（5）技术的复杂性程度如何；

（6）该领域普通技术人员的学历，比如是高中生，还是本科，或者研究生。[2]

4. 辅助性考虑因素

商业上成功、长期渴望解决的需求、他人的失败等这些因素的引入，提高了创造性判断的确定性。虽然联邦最高法院认为这些因素是辅助性的，但在美国联邦巡回上诉法院看来，如果出现这些因素，则是必须予以考虑的，[3] 这有助于判断的客观化。

二、“TSM检验法”与KSR案

在考虑以上事实证据后，如何确定该发明整体上是否为显而易见，美国联邦巡回上诉法院普遍适用了著名的“教导/提示/动机”（Teachings/Suggestion/Motiva-

[1] 作为比较，专利权利要求解释的主体是法官，专家意见可作为间接证据供法官参考；等同侵权判断的主体是陪审团；专利创造性判断，不论在专利局的审查程序还是在司法程序，都要以“本领域技术人员”为标准。

[2] U. S. Patent and Trademark Office（USPTO）. Manual Of Patent Examining Procedure［M］. 2th ed. 2004：2100－2127.

[3] 贾尼丝·M. 米勒. 专利法概论［M］. 北京：中信出版社，2003：148.

ton）方法（简称“TSM 检验法”）：只有在现有技术文献、本领域技术人员的知识、或者所要解决技术问题的性质中，发现某种结合现有技术教导的动机或启示，才能证明该发明是显而易见的。[1]

TSM 检验法要求审查员找到对现有技术加以结合的启示的证据，才能证明所申请发明是显而易见的，促使创造性判断进一步客观化。但是，联邦巡回上诉法院在实践中往往僵化地适用这一方法，比如将证据局限于书面证据而忽视公知常识可能含有的启示和本领域技术人员所具有的基本的创造能力；过度强商业性辅助因素；在证明责任分配上过于偏袒专利申请人或专利权人等等，存在“过度客观化”从而降低了创造性标准的问题。[2] 2007 年 4 月 30 日，美国联邦最高法院对 KSR 案作出判决，[3] 对“动机/启示/教导”检验法进行审查，否决了上诉法院僵化地适用 TSM 方法的判决，提出了一些创造性判断的具体规则。2007 年 10 月 10 日，美国专利商标局根据 KSR 案判决公布了新的针对创造性审查的指南，其内容主要是：

第一，扩展了判断创造性中的现有技术范围。新指南强调了非显而易见性审查的基础仍然是“四因素”法，但审查员在作显而易见性判断时应当关注相关技术领域的普通技术人员在发明当时已知道的知识，以及在了解该知识后，预期该人员能合理地作出的事项。而这些知识和技能可以来自于已记载的现有技术以及本领域的公知常识。因此，审查员在考察格瑞厄姆第一因素，即确定现有技术的范围和内容时，检索范围除了与申请文件声称的技术领域或者与申请文件声称的具体问题相关的领域以外，还包括有可能预期到的其他领域或者与具体问题不同的领域。现有技术不能仅仅限于所采用的参考文献，还包括本领域普通技术人员的知识。

第二，扩展了本领域技术人员的定义。在考察“四因素”的第三个因素，即确定本领域普通技术水平时，指出本领域技术人员也是具有普通创造力的人，而不是“机器人”。在许多情况下，本领域普通技术人员也能够将多篇专利教导组合，就像智力拼图一样，专利审查员也可以考虑该领域中的普通技术人员会采用的推论和创造性措施，可以基于他们自己的技术专家身份对本领域技术人员的知识和技能进行描述。

第三，增加了除 TSM 检验法以外其他推导出技术启示的理由。新指南列举了按美国专利法第 103 条关于非显而易见性的规定拒绝所申请发明的理由，这些理由原本散见于联邦最高法院以前的判决中，但本次指南修改根据 KSR 判决内容，对这些可以认定为显而易见的情形进行梳理，归纳为以下七条理由：

——依照已知的方法将现有技术中的元素进行组合；

——采用一种已知的元件对另一元件进行简单替换；

---

[1] *Al-Site Corp.* v.*VSI Int'l*, *Inc.*, 174 F. 3d 1308, 1323－1324 (CA Fed. 1999).

[2] 参见：和育东，方慧聪．专利创造性条件客观化问题研究［J］．知识产权，2007 (2)．

[3] *KSR INTERNATIONAL CO. v. TELEFLEX INC. et al.*, 82 U. S. P. Q. 2D 1385 (2007).

——使用与已知技术相同的方式对相似设备（方法或产品）加以改进；

——将已知技术应用于有待改进的已知设备（方法或产品）；

——明显值得尝试，即从数量有限的、确定的、可预期的解决方案中进行选择；

——在设计的激励或其他市场驱动下，某一研究领域的已知工作本身，会促使对该已知工作进行变更，以应用在相同或不同的领域中，如果该变更对本领域技术人员来说是可预期的；

——现有技术中的某些教导、启示或动机会引导本领域技术人员对现有技术文献进行修改，或者结合现有技术文献中的教导来实现所申请发明。❶

总之，KSR 案及新审查指南并没有否定联邦巡回上诉法院长期以来恪守并僵化适用的 TSM 检验法，而是提出了与之并列的 6 种证明所申请发明为显而易见的理由，而这些理由的推理过程对本领域技术人员的知识和普通创造能力给予充分考虑，总体上提高了创造性标准的门槛。

三、欧洲专利创造性判断的客观化

（一）“问题—解决方案”法

《欧洲专利公约》第 56 条使用了“发明步骤”（inventive step）一词：“如果一项发明，相对于现有技术而言，在本领域技术人员看来是非显而易见的，则该发明应当被认为包含了创造性步骤。”❷ 英国为了与《欧洲专利公约》一致，1977 年专门修订了专利法，该法第 3 节规定的发明步骤与《欧洲专利公约》第 56 条相比，除了文字顺序的变换，是完全一致的。❸ 发明步骤的含义与非显而易见性的实质是一样的。❹ 但在判断分析的步骤上与美国不尽相同。欧洲专利局《审查指南》规定，为了客观地、可预期地判断是否具有发明步骤，应该以本领域技术人员来判断，并采用所谓“问题—解决方案”（Problem-and-Solution Approach）法，包括以下三个步骤：

（1）决定“最接近的现有技术”；

（2）确定发明要解决的“客观技术问题”；

（3）考虑所申请发明，以最接近现有技术和客观技术问题为出发点来看，对本领域技术人员而言是否为显而易见的。❺

（二）“最接近现有技术”的确定

最接近现有技术概念的引入，使创造性判断显得精准而确定。但最接近现有技

---

❶ 方慧聪. KSR 案与美国专利审查指南的最新修改［M］//国家知识产权局条法司. 专利法研究（2007）. 北京：出版社，2008.

❷ *European Patent Convention*，Art. 56.

❸ 蒂娜·哈特、琳达·法赞尼. 知识产权法［M］. 北京：法律出版社，2003：28.

❹ 汤宗舜. 专利法教程［M］. 北京：法律出版社，2003：92.

❺ *Guidelines for Examination in the European Patent Office*，Part C，Chapter Ⅳ 9.8.

术的选择并不能保证得出唯一的结果。美国的非显而易见性判断并没有这一概念，是否意味着欧洲的判断方法比美国的更科学，或者说最接近现有技术应当成为创造性判断不可或缺的基础性概念呢？其实并不尽然。

《欧洲专利局审查指南》这样定义："最接近现有技术是指技术特征的组合被披露在某一单个对比文件中，该对比文件构成了通向该发明的最有希望的起点。"❶确定这一"最有希望的起点"，与审查员检索到的现有技术有关，如果漏检文献，在漏检得多或漏检得少时，对现有技术的认识不同，选择的最接近现有技术就会不同。欧洲专利局技术部（Technical Board）在 T 570/91 案中指出，本领域技术人员在选择这一起点时是完全自由的。❷

在检索到的现有技术范围确定的情况下，选择不同的对比文件作为最接近对比文件，然后继续上述三步骤的判断，其创造性判断的结果是一样的。比如申请专利的发明包括 A、B、C 三个技术特征，对比文件 1 公开了特征 A、B，解决相应的技术问题是 a 和 b；对比文件 2 公开了特征 C，解决相应的技术问题是 c。而且对比文件 1 和/或对比文件 2 给出了将特征 A、B 与特征 C 结合起来的教导和启示。如果选择对比文件 1 作为最接近现有技术，则要解决的客观技术问题是 c，由于对比文件 1 和/或对比文件 2 给出了将特征 A、B 与特征 C 结合起来的教导和启示，故该发明为显而易见的；如果选择对比文件 2 作为最接近现有技术，则要解决的客观技术问题是 a 和 b，由于对比文件 1 和/或对比文件 2 给出了将特征 A、B 与特征 C 结合起来的教导和启示，故该发明为显而易见的。可见，无论选择对比文件 1 还是对比文件 2 作为最接近现有技术，会得出同样的创造性判断结果。

作为一种建议，在选择最接近的现有技术时，第一考虑因素是该现有技术与请求保护发明具有相同的目的、效果，或者至少属于相同或相近的技术领域。在实际审查中，最接近现有技术通常与请求保护的发明具有相同用途，并仅需要最少结构或功能上的改变即可获得请求保护的发明（T 606/89）。

（三）"客观技术问题"的确定

在第二步中，需要对所申请专利的内容、最接近的已知技术以及发明与最接近已知技术之间所存在的不同技术特征（不论是结构性的还是功能性的）进行研究，在此基础上站在本领域技术人员的立场上来确定"客观"的、"技术"问题。

1. "技术"问题的确定

关于"技术"问题的要求，《欧洲专利局审查指南》规定，对于解决技术问题

---

❶ *Guidelines for Examination in the European Patent Office*, Part C, Chapter Ⅳ 9.8.

❷ Case Law of the Boards of Appeal of the European Patent Office. 4th Edition. 2001：104. 该案同时指出，本领域技术人员选择某一文件作为起点后，当然他会随后受该选择的制约，比如他如果选择压缩机活塞作为起点，他会继续改进该活塞，其正常的发明结果仍然是一压缩机活塞，而不会是内燃机活塞。

没有任何贡献的特征，无论该特征是独立的或与其他特征相组合，这些特征对于评价创造性无关（参见 T 37/82，OJ 2/1984 和 T 294/89）。按照《欧洲专利局审查指南》关于技术性的定义，应当明确存在区别特征不一定就必然地存在对应的“技术”问题。当区别特征解决了客观存在的问题，但该问题不是“技术”问题，而是仅解决了排除在可专利性之外的领域中的问题，比如对经济领域的某种经济问题进行改进，则该问题是一个非技术问题（T 931/95，OJ 10/2001），该特征对创造性步骤也没有任何贡献。[1]

“技术”问题的确定对于涉及商业方法特征和计算机程序的专利申请是非常重要的。《欧洲专利局审查指南》将纯商业方法和计算机程序排除在可专利性主题之外，但是如果权利要求中除了商业方法特征和计算机程序特征以外，还至少有一个特征带来技术性，则通过了可专利性主题的审查，需要进一步考虑其新颖性和创造性，考虑该技术性特征带来的技术贡献。例如，对于计算机实施的发明和商业方法发明，需要考虑计算机程序的技术效果是否超出计算机程序和计算机之间通常的物理相互作用。根据该规定，如果在一项专利申请当中，商业方法特征对同领域的技术人员来说是非显而易见的，但技术特征是显而易见的，由于商业方法特征属于对解决技术问题没有任何贡献的特征，这些特征对于评价创造性无关，因此认定该发明缺乏创造性。可以说，欧洲专利局在对商业方法软件专利申请的审查中，更注重对其中技术特征的审查，而不是对商业方法本身的审查。

根据《欧洲专利局审查指南》的上述规定，包含计算机软件和商业方法的技术主题的可专利性问题，不是能否涵盖在专利保护对象中的问题，而更多的是转换为对创造性的判断。这种转换回避了计算机软件和商业方法是否属于专利保护客体的问题，体现了欧洲专利局近年在计算机软件和商业方法上的扩大保护政策。

2. “客观”技术问题的确定

如何由区别特征导出“客观”技术问题?《欧洲专利局审查指南》规定，对于审查员决定选择的最接近现有技术，专利申请人在说明书技术背景陈述中可能没有涉及，这样，审查员对发明所解决技术问题的理解与申请人在申请文件中提出的不同，审查员要根据其决定采用的最接近现有技术，对该发明解决的技术问题进行重新确定，以得出“客观技术问题”。为了做到这一点，需要研究最相近的已有技术以及该发明与最相近的已有技术之间在特征方面的（或者结构的或者功能的）区别，然后明确地阐明这一技术问题。从这种意义上讲，技术问题是指对最接近已知技术进行改进或改变的目标或任务，用于产生发明在最接近已知技术基础上所要实现的技术效果。

允许在何种程度上来重新确定技术问题应根据各个申请案件的具体情况来判

[1] Guidelines for Examination in the European Patent Office，Part C，Chapter Ⅳ 9.8.2.

断。原则上发明所能实现的任何效果都可以用作改写技术问题的基础，只要这样的效果能够从原始说明书中获知既可。也可以根据申请人在审查过程中所陈述的新效果来重新确定技术问题，其条件是所属技术领域中的普通技术人员能够认识到该效果已经隐含在原申请所述的技术问题中或者与之相关。

对技术问题还应当做一种广义的解释，它并不意味着解决方案必须是对已知技术的一种改进。因此，技术问题也可以仅仅是为一种已知的装置或者方法提供一种具有相同或相似效果或者更为经济的替代方案。有时，一项权利要求中的多个区别特征分别具有多种技术效果，因此技术问题也可能具有多个部分或方面。在这样的情况下，一般应该逐一地考虑其中每一个部分或方面。❶

需要注意的是，为避免审查员确定客观技术问题时带有主观色彩，应当是将技术效果转化为技术问题，而不是技术特征当做技术问题。欧洲的相关判例中规定，在确定发明实际解决的技术问题时，技术问题不能包含对方案的指向或者部分预期方案，因为如果在问题的描述中包含发明所提供的部分方案，必然会导致在就该问题评估现有技术水平时，犯事后诸葛亮的错误。❷

但是，在将技术效果转化为技术问题时，如果出现预料不到的技术效果和附加效果（bonus effect），审查员如何转化为技术问题？由于原则上发明所能实现的任何效果都可以用作改写技术问题的基础，而发明效果根据申请人的撰写情况和实际应用的领域存在多种复杂情况，因此确定实际解决的技术问题时需要特别小心谨慎。例如，有时发明人在说明书中指出该发明可获得某种效果，但如果该效果实质上未得到说明书的支持，此时对说明书声称的效果不予考虑。❸ 另外，当存在多种技术效果的情况下，必须确定哪种效果是关键的，哪种效果仅仅是偶然获得的，在确定时需要采用现实的方法，在给定案件中考虑到这些效果技术性和应用性的相对重要程度。❹ 关于这一点，欧洲专利局的判例给出一些具体判断情形：

（1）在 T 936/96 中，委员会指出，一旦某个现实的技术问题已明确，以及本领域技术人员在现有技术的基础上会预计到一种已有的特殊解决该问题的方法的话，则该方案不具备创造性，并且该结论不会因为请求保护的发明内在地将解决其他技术问题而具备创造性。在该案中，声称的预料不到的技术效果不能作为创造性的标志。❺

（2）在 T 192/82 中，委员会指出在包含多种选择的情况下，如果本领域技术人员必然会采取用来解决技术问题的最佳手段的话，即使采取这种手段会导致一些

---

❶ Guidelines for Examination in the European Patent Office，Part C，Chapter Ⅳ 9.8.2.

❷ T 229/85，OJ 1987，237 和 T 99/85（OJ 1987，413）.

❸ 根据欧专局 CASE LAW 中 T 20/81，OJ 1982，217，T 124/84，T 152/93 中的规定，一般没有足够证据支持的有益效果也不能考虑作为实际解决的技术问题。

❹ Case Law of the Boards of Appeal of the European Patent Office. 4th Edition. 2001：138.

❺ Case Law of the Boards of Appeal of the European Patent Office. 4th Edition. 2001：138－139.

预期的进步，该权利要求仍然不具备创造性。从欧洲专利局的该观点看，如果为解决技术问题所作的选择是必然选择中的一种的话，缺少可替代的方案，产生单行道（One-way-street）的情况，则无论该技术方案会带来什么技术效果，其仍然不具备创造性。如果该可能采取的技术手段非多种必然选择中的一种，该技术方案同样能够解决技术问题，那么其可能具备创造性。

（3）在 T 551/89 中，委员会指出，如果效果是可以从一种明显的技术手段预期的话，则该效果不能作为所需的创造性步骤的贡献，即使这种效果超出了本领域技术人员的水平。在该案中，超出本领域技术人员预期的效果仅是由于使用一种显而易见的技术手段不可避免带来的附加效果，本领域技术人员无需任何创造性的努力就可获得该发明。❶

（四）非显而易见性判断的客观化

创造性判断客观化的关键是第三步。最接近现有技术、客观技术问题的确定，为显而易见性判断打了基础，但显而易见的标准到底如何把握?《欧洲专利局审查指南》提出“可能—会”（Could-Would）方法：现有技术作为整体是否存在任何教导，该教导使本领域技术人员面对该客观技术问题时，“会”而不只是“可能”考虑到该教导来修改或调整最接近现有技术，使之实现发明内容。❷

根据欧洲专利局申诉委员会已经确立的判例法，判断创造性的关键问题不在于普通技术人员能否（could）实现争议专利提出的主题，而在于普通技术人员是否在解决所存在的技术问题的期待或预期作出某些改进时会（would）这样做（T 2/83，T 90/84）。在 T 61/90 决定中，委员会引用了上述确立的判例法，指出本案的关键问题不是技术手段本身对于普通技术人员来说是否具有可行性，即是否有能力这样做，而是是否有充分的把握确实会这样做。技术上的可行性及无障碍只是满足再现性要求的必要条件，而不是断定普通技术人员实际上可以达到显而易见的充分条件。“可能—会”方法防止了事后诸葛亮的判断倾向。如果只考虑了现有技术“能”这样结合，没有考虑申请人在申请日“会”这样结合，也就等同于事后诸葛亮的判断。

由于在欧洲创造性判断的三步法中，其第二步骤中确定的技术问题是“客观”技术问题，有可能与申请人声称的不同，因此不会导致美国联邦巡回上诉法院法律适用 TSM 检验法时那样严格和教条，在考虑结合启示时，不会仅关注专利权人意图解决的问题；在考虑现有技术时，不会认为试图解决某个问题的本领域技术人员仅会关注现有技术中解决相同问题的要素，还考虑解决该客观问题的要素。

《欧洲专利局审查指南》规定，具体判断现有技术文献是否容易组合时，审查

❶ Case Law of the Boards of Appeal of the European Patent Office. 4th Edition. 2001：139.

❷ Guidelines for Examination in the European Patent Office，Part C，Chapter Ⅳ 9. 8. 3.

员需要特别考虑：

（1）如果现有技术文献中给出的关键特征就其本性来说是不匹配的，则给出了实际上不容易组合的相反教导，这样的结合不是显而易见的。

（2）现有技术文献是否来自相同、相近或较远的技术领域。

（3）将现有技术文献与公知教科书或标准字典相结合是显而易见的；如果本领域技术人员有合理的基础将同一对比文件中的两个或更多部分组合，则这种组合是显而易见的；如果两篇文献中的其中一篇包含清楚无误的对另外一篇文献进行参考的内容，则两篇文献的结合是显而易见的。❶

关于辅助性考虑因素，《欧洲专利局审查指南》给出判断实例中考虑了是否为已知手段的应用、特征的明显组合、明显的选择、克服技术偏见等因素。当发明产生预料不到的技术效果，也表明发明可能具备创造性，但如果考虑到现有技术由于缺少可替代的方案，产生“单行道”的情况，即启示是非常直接和唯一的，所产生的预料不到的技术效果只不过是附加的收获，则获得落入到请求保护发明的范围内的某些结果，对本领域技术人员来说是显而易见的，在这种情况下，该发明也是显而易见的（T 192/82，T 231/97）。❷

四、日本专利创造性判断的客观化

（一）日本专利创造性的定义

关于创造性，日本特许法第 29 条第 2 项中规定：申请前本发明本领域技术人员根据在第 29 条第 1 项第 1～3 号所公开的发明（相当于现有技术）容易推想到时不授予专利权。

根据日本对创造性的定义，创造性判断的主体是本领域技术人员。《日本专利审查指南》对本领域技术人员作了这样的定义：具有本发明所属技术领域申请时的技术常识，可以使用用于研究、开发的通常的技术手段，可以发挥材料的选择或设计的变更等的通常的创造能力，并且知晓处于本发明所属技术领域的申请时技术水准的全部知识的人；而且，本领域技术人员还可知晓发明所要解决的技术问题相关联的技术领域的技术。❸ 除了“可以发挥材料的选择或设计的变更等的通常的创造能力”以外，这与我国《审查指南（2006）》对所属技术领域的普通技术人员的定义几乎相同。

在确定本领域技术人员这一主体后，创造性判断是所申请发明是否“容易推想到”。“容易推想到”是一个很主观的判断标准，因此在日本的《审查基准》中也提供了具体的可操作的判断标准，即发明是否具备创造性，是本领域的普通技术人员

❶ Guidelines for Examination in the European Patent Office, Part C, Chapter Ⅳ 9.9.
❷ Guidelines for Examination in the European Patent Office, Part C, Chapter Ⅳ 9.10.3.
❸ Guidelines for Examination in the European Patent Office, Part C, Chapter Ⅳ 2.2.

按申请时的技术水准，参照对比文件是否容易推想到的原则进行判断，具体判断方法是如下“三步法”：

（1）在确定所要保护的发明和一个或多个引用发明后，选择一个“最适合”用来进行推断的引用发明；

（2）将请求保护的发明与该引用发明进行比较，阐明二者中的相同点与不同点；

（3）在所选择的引用发明、其他引用发明（包括公知公用的技术）的内容以及公知常识的基础上，进行是否具备创造性的推断。❶

（二）“是否容易推想到”判断的推理方式

“是否容易推想到”判断的第三步可以从多个方面进行。《日本专利审查指南》以列举方式给出了主要的推理方式：考虑请求保护的发明是否从引用发明中选择了最佳材料或者设计的变更、是否为单纯的技术特征的拼凑？是否在引用发明的内容中存在动机？此外，如果请求保护的发明与引用发明相比具有有益效果，并且可从说明书中的记载明确把握的话，可以作为推定发明具备创造性的事实进行参考。❷

1. 选择了最佳材料或者设计的变更？是否为单纯的技术特征的拼凑

如果发明是为解决一定的技术问题，从公知材料中进行最佳材料的选择、数值范围的最佳化、均等物置换、与具体适用的技术相伴随的设计变更等，则属于本领域技术人员的通常的创造能力，当仅存在这些不同的情况下，可推定发明不具备创造性。当特定发明是各个要素组合而成的，但是各要素之间功能或作用并未相互关联，此时为单纯的技术特征的拼凑，该发明也在本领域技术人员的通常的创造能力范围内。

2. 是否在引用发明的内容中存在动机

（1）技术领域的关联性。为解决发明课题，尝试使用相关技术领域的技术手段，属于本领域技术人员的通常的创造能力。例如当相关技术领域存在可置换或可附加的技术手段时，可以作为本领域技术人员导出请求保护的发明的有力证据。

（2）所解决技术问题的共通性。如果存在下列情形，可以认为所申请发明中所解决技术问题，与对比文件所解决的技术问题具有共通性：

第一，当解决的技术问题相同时，是本领域技术人员适用对比文件，将二者结合，导出请求保护的发明的有力证据。

第二，当对比文件未有意识地提到与请求保护的发明具有相同的技术问题时，但对于该技术问题是显而易见的、或者是容易想到的情况，则需要进一步基于技术水平进行考察。

---

❶❷《日本专利审查指南》第Ⅱ部，第二章新颖性、创造性 . 2.4（2003.12）.

《日本专利审查指南》给出了这样一个实例：在对比文件公开的发明中，明确公开了高尔夫俱乐部用球杆一个重要的特性是轻巧，而且与球的飞行距离相关联，由于存在减轻高尔夫球杆重量的必要性乃至有利性的教导，因此将减轻高尔夫球杆的重量作为请求保护的发明要解决的技术问题，当然在本领域技术人员可预测的程度内。[1] 这样，当对比文件未有意识地提到与请求保护的发明具有相同的技术问题时，对于该技术问题是显而易见的、或者是容易想到的情况，则需要进一步基于技术水平进行考察。即所谓启示，包括明示，即从对比文件中可直接反映出的内容，以及暗示，即未直接描述，但技术人员可从中感悟到的内容。虽然暗示的感悟较为困难，但实际的案例中确实存在不少这样的情形。

第三，当所基于的对比文件具有其他要解决的技术问题时，通过其他思考过程，可推理出本领域技术人员容易达到请求保护发明的特定内容时，尽管要解决的技术问题不同，也可否定请求保护发明的创造性。基于尝试错误结果的发明等，对要解决的技术问题不好把握的情况下也属于同样的情况。

《日本专利审查指南》给出了这样一个实例：本申请的发明为放跑表面上附着的水，在碳制的制动盘上设置沟槽。另一方面，对比文件 1 中记载了碳制的制动盘，对比文件 2 记载了为除去表面上附着的灰尘，在金属制的制动盘上设置沟槽。在该情况下，对比文件 1 的碳制制动盘表面上附着的灰尘也存在妨碍制动效果的问题，从制动器一般功能可明显得知，为解决该问题，仿照对比文件 2 的技术，在碳制制动盘上设置沟槽，是本领域技术人员容易达到的技术改进，因此，也获得与申请发明相同的构成，本申请的发明无创造性。但是，如果申请人对对比文件 1 和对比文件 2 技术的结合提出足够的主张或证据，指出二者的结合存在障碍时（例如作为技术常识，碳制的制动盘不会产生像金属制的制动盘一样的附着灰尘的问题），则不能由对比文件否定本发明的创造性。[2] 该对比文件 2 具有其他要解决的技术问题（除尘），与本申请的发明要解决的技术问题不同（跑水），但是由于在应用对比文件 1 的方案时也会遇到与对比文件 2 一样的技术问题（除尘），可推理出本领域技术人员容易获得请求保护的发明，因此尽管对比文件 2 与本申请要解决的技术问题不同，也可否定请求保护发明的创造性。从以上实例可以看出，有时所考察的动机并非仅指申请人声称或记载的问题，还要基于现有技术中存在的实际问题进行考察。

（3）在请求保护发明的特定内容和对比文件的特定内容之间作用、功能相同、或对比文件特定内容相应的作用、功能相同，则可以作为本领域技术人员适用对比文件，进行结合导出请求保护的发明的有力证据。

（4）在对比文件的内容中存在请求保护发明的教导的话，则可以作为本领域技

[1][2]《日本专利审查指南》第Ⅱ部，第二章新颖性、创造性．2.5（2003.12）．

术人员适用对比文件，进行结合导出请求保护的发明的有力证据。

3. 有益效果的参照作用

如果说明书中明确记载了被认定发明相对于对比文件具有有益效果，那么，在肯定发明具备创造性时起参照作用。即使被认定发明的技术特征与对比文件的技术特征相类似，一看就知道是各个对比文件的技术特征的组合，如果被认定发明所具有的效果是不同性质的效果或者即使是相同性质的也是特别优越的效果，那么，被认定发明将仍然被认为具备创造性。另外，从申请人的角度讲，如果说明书中没有记载发明与对比文件相比较的有益效果，如果本领域的普通技术人员能够从说明书和附图中推导出有益效果，那么，可以在意见陈述书中对上述效果进行主张和立证，审查员会在判断创造性时给予参照。

有益效果还被用于判断选择性发明的创造性中，被认定发明具有对比文件没有记载的效果、或者具有与对比文件作为上位概念所具有的效果不同性质的效果、或者即使是相同性质的效果也是特别优越的效果时，如果本领域的普通技术人员不能根据申请时的技术水准预测到时，那么被认定发明具备创造性。在选择性发明中由于很难从物质的构造中预测效果，所以上述原则往往被用于判断选择性发明具备创造性的有力根据。

有益效果还被用于判断伴有数值限定的发明的创造性中，通过实验将数值范围最佳化往往被认为是本领域普通技术人员的通常创造力的发挥，但是，如果被认定发明在所限定的数值范围内均具有对比文件所不具有的不同性质效果、或者具有即使是相同性质效果也是特别优越的效果时该发明被认为具备创造性。

五、我国专利创造性的判断方法

我国《专利法》把创造性条件定义为“突出的实质特点和显著的进步”。❶ 但在我国专利的审查及无效复审实践中，非显而易见性已成为通行的标准。❷

根据我国《审查指南（2006）》的规定，判断发明是否具有突出的实质性特点，一般分三步进行：首先确定与发明最接近的对比文件，然后，确定发明与最接近的对比文件的区别特征和实际解决的技术问题，最后考察本领域的普通技术人员根据其他对比文件及公知技术来解决上述问题是否显而易见。

按照上述规定，在评价一项权利要求的创造性时，需要确定最接近的现有技术。最接近的现有技术，是指现有技术中与要求保护的发明最密切相关的一个技术方案，它是判断发明是否具有突出的实质性特点的基础。审查实践中，有时存在多

❶《专利法》第22条第3款。

❷ 国家知识产权局．审查指南（2006）［M］．北京：知识产权出版社，163.

篇对比文件，指定哪一篇对比文件作为最接近的现有技术，是否会对创造性的结论产生影响。《审查指南 2006》规定，最接近的现有技术，通常与要求保护的发明技术领域相同，并且所要解决的技术问题、技术效果或者用途最接近和/或公开了发明的技术特征最多，或者虽然与要求保护的发明技术领域不同，但能够实现发明的功能，并且公开发明的技术特征最多。应当注意的是，在确定最接近的现有技术时，应首先考虑技术领域相同或相近的现有技术。该确定方式与欧洲判断最接近现有技术的时首先考虑与请求保护发明具有相同的目的或效果稍有不同。

关于本领域技术人员，我国《审查指南（2006）》规定他“知晓申请日或者优先权日之前发明所属技术领域所有的普通技术知识，能够获知该领域中所有的现有技术，并且具有应用该日期之前常规实验手段的能力，但他不具有创造能力”。[1]

随着技术的发展，涉及多领域的发明创造越来越多，当要解决一个技术问题，发明人在本领域或其他领域寻找技术解决手段是很自然的事情，如果将“本领域技术人员”仅限于具有本领域的知识和能力，将不适应现代技术发展的状况，也降低了创造性的标准。为此，我国《审查指南（2006）》中指出：“如果所要解决的技术问题能够促使本领域技术人员能够促使本领域技术人员在其他技术领域寻找技术手段，他也应当具有从该其他技术领域中获知该申请日或优先权日之前的相关现有技术、普通技术知识和常规实验手段的能力。”这是对本领域技术人员的扩展解释，在有些情况下，特别是当发明涉及交叉学科领域，考虑一组人，或者研究小组作为本领域技术人员比考虑单个人更为合适，在尖端技术领域尤其需要这样。

在该第三步骤中，要从最接近的现有技术和发明实际解决的技术问题出发，判断要求保护的发明对本领域的技术人员来说是否显而易见。判断过程中，要确定的是现有技术整体上是否存在某种技术启示，即现有技术中是否给出将上述区别特征应用到该最接近现有技术以解决其存在的技术问题（即发明实际解决的技术问题）的启示，这种启示会使本领域的技术人员在面对所述技术问题时，改进该最接近现有技术并获得要求保护的发明。

六、各国创造性判断的比较

（一）“本领域技术人员”概念的比较

本领域技术人员是假想的人，一般而言其所具有的知识能力主要体现在三个方面，本领域的普通技术知识、能获知的知识和常规的实验能力。

[1] 国家知识产权局．审查指南（2006）［M］．北京：知识产权出版社，162.

表 1-4　本领域技术人员定义比较

国别	定义内容
美国	确定本领域技术人员的普通技术水平主要考虑以下因素：（1）该领域普通技术人员的学历；（2）该项技术所要解决问题的类型；（3）以前对该类型问题在现有技术中是如何解决的；（4）在该项技术中创新的速度有多快；（5）技术的复杂性程度如何；（6）发明者的教育水平
欧洲	假设的普通从业者，具有本发明所属技术领域相关日期时的技术常识，能够获知该领域中所有的现有技术，能自由处理通常装置并具有常规工作和实验的能力。如果所要解决的技术问题能够促使本领域技术人员能够促使本领域技术人员在其他技术领域寻找技术手段，则该其他技术领域的专家也是有资格解决该问题的人
日本	具有本发明所属技术领域申请时的技术常识，可以使用用于研究、开发的通常的技术手段，可以发挥材料的选择或设计的变更等的通常的创造能力，并且知晓处于本发明所属技术领域的申请时技术水准的全部知识的人；而且，本领域技术人员还可知晓发明所要解决的技术问题相关联的技术领域的技术
中国	一种假设的人，他“知晓申请日或者优先权日之前发明所属技术领域所有的普通技术知识，能够获知该领域中所有的现有技术，并且具有应用该日期之前常规实验手段的能力，但他不具有创造能力。如果所要解决的技术问题能够促使本领域技术人员能够促使本领域技术人员在其他技术领域寻找技术手段，他也应当具有从该其他技术领域中获知该申请日或优先权日之前的相关现有技术、普通技术知识和常规实验手段的能力”

本领域技术人员为创造性提供了客观的判断基准，得到各国专利制度的广泛采用，国际上几大专利局的标准几乎是一致的，例如欧洲、日本特许厅在其《审查指南》中就存在与我国几乎一致的定义，美国专利商标局《专利审查指南》中虽然没有明确这样写出，但其实际执行的标准是类似的。

关于本领域技术人员有没有一定的创造力，我国与其他国家的规定略有区别。美国最新修改的《专利审查指南》特别对本领域技术人员作出规定，强调本领域技术人员是具有普通创造力的人，而不是机器人，在许多情况下，本领域普通技术人员也能够将多篇专利教导组合，就像智力拼图一样，专利审查员也可以考虑该领域中的普通技术人员会采用的推论和创造性措施。日本对本领域技术人员进行定义时，也认为他可以发挥材料的选择或设计的变更等的通常的创造能力，特别是在如果发明是为解决一定的技术问题，从公知材料中进行最佳材料的选择、数值范围的最佳化、均等物置换、与具体适用的技术相伴随的设计变更等，则属于本领域技术人员的通常的创造能力，当仅存在这些不同的情况下，可推定发明不具备创造性。欧洲未明确指明本领域技术人员是否具有适度的创造能力。而我国《审查指南2006》中明确指出本领域技术人员不具有创造能力。从 KSR 案我们可以得到启示，当市场上存在需求时，本领域技术人员也会具有通常的创造能力，对现有技术进行明显尝试或者进行设计变更。因此笔者建议，我国《审查指南 2006》应删除“不具有创造能力”一句，避免导致审查员对创造性条件掌握得过低。

（二）非显而易见性判断方法的比较

1. 美国与欧洲非显而易见性判断方法的比较

美国格瑞厄姆判例考虑的前三项事实因素，加上 TSM 检验法对非显而易见性的判断，构成了美国创造性判断的步骤，这与欧洲专利局所采取的三步法具有可比性，反映了不同国家在追求创造性判断客观化途径上的趋同。欧洲专利局的三步法为：确定最接近的现有技术；确定发明的区别特征和发明实际解决的技术问题；判断要求保护的发明对本领域技术人员来说是否显而易见。这三个步骤中，第一步、第二步、第三步中对本领域技术人员水平的确定，都属于事实问题，与美国格瑞厄姆的三项事实相对应。在第三步的非显而易见性判断上，都面临着如何客观化的问题。美国提出了 TSM 检验法，要求存在结合的教导、启示或动机；而欧洲提出“能—会”判断法，即不仅本领域技术人员“能”结合，而且还有成功的合理预期来激发他“会”结合，才是显而易见的。

表 1－5　美国与欧洲创造性判断的比较

美国		欧洲	
事实部分	确定现有技术的范围和内容	第一步	确定最接近的现有技术：第一考虑因素与请求保护发明具有相同目的或效果
	确定现有技术与所审查的权利要求之间的区别	第二步	确定发明的区别特征，和发明实际解决的技术问题
	明确相应领域的普通技术水平	第三步	本领域技术人员
法律部分	确定是否显而易见：TSM 检验法		确定是否显而易见：可能—会判断法

欧洲专利局的创造性判断三步法，与美国格瑞厄姆四因素判断法相比，少了些经验性判断，多了些逻辑性判断，体现了大陆法系法学思维中的强烈的形式理性。

2. 日本与欧洲非显而易见性判断方法的比较

根据日本的具体判断方法，第一步与欧洲的“三步法”的第一步类似，要选择最接近的现有技术，但指南中并没有定义或者规定什么是最合适的对比文件，也没有具体说明如何使用最合适的对比文件。在第二步中，虽然也找出了区别技术特征，但是并未要求确定发明所要解决的技术问题。而对于第三步并未给出具体的判断方法，仅是以举例的方式给出几个供参考的角度，其中包括了与美国 TSM 检验法类似的情形，即在引用发明中是否存在动机。

表 1－6　日本与欧洲创造性判断的比较

日本		欧洲	
第一步	在确定所要保护的发明和引用的一篇或多篇对比文件后，选择一篇最适合（most suitable）于用来进行推断的引用的对比文件	第一步	确定最接近的现有技术：第一考虑因素与请求保护发明具有相同的目的或效果
第二步	将所要保护的发明与一项引用的对比文件进行比较，阐明定义发明的主题中确定相同点与不同点	第二步	确定发明的区别特征，和发明实际解决的技术问题
第三步	本领域技术人员在所选择的对比文件中的内容、引用的其他对比文件（包括公知公用的技术）以及公知常识的基础上，是否容易想到本发明	第三步	本领域技术人员确定发明是否显而易见："可能—会"判断法

日本评价创造性的方法最为独特，似乎是美国和欧洲评价方法的结合体，但没有特别规定一个什么原则和方法，而是通过许多的例子来体现，其举例中却包括美国和欧洲的一些判例。

日本关于发明是否显而易见的判断，首先考虑的是本领域技术人员的普通创造能力，例如最佳材料的选择、数值范围的最佳化、均等物置换、与具体适用的技术相伴随的设计变更等，其次考虑在现有技术中是否存在结合的启示。分析以上内容可以看出：（1）该动机与美国考察的三方面不同，是从技术方案的技术领域、技术问题并参考技术效果角度来分析的，体现出是在整体把握技术方案的基础上进行创造性判断的，（2）从技术问题出发考虑结合动机包括三种具体情形，即明示、暗示以及本领域技术人员的技术常识，反映出日本对技术问题的灵活性把握，类似欧洲的客观性技术问题的考察。

3. 中国与欧洲非显而易见性判断方法的比较

我国创造性判断充分借鉴了欧洲专利局的三步法，并且有进一步的发展。比如我国《审查指南（2006）》根据发明与最接近现有技术的区别特征的特点，进一步将发明参考性地划分为几种不同类型：开拓性发明、组合发明、选择发明、转用发明、已知产品的新用途发明、要素变更的发明（包括要素关系改变、要素替代、要素省略）。对每种类型的发明给出了参考性的判断方法，并特别对组合发明指出，如果总效果等于各组合部分效果之总合，组合后各技术特征在功能上无相互作用关系，仅仅是一种简单的叠加，则这种组合发明不具备创造性，而对于其他几种类型的发明，是否取得预料不到的技术效果是考虑的主要因素。这些判断方法也是对三步法的进一步补充。此外，强调了在判断发明创造性时需考虑的其他因素：发明解决了人们一直渴望但始终未能获得成功的技术难题，发明克服了技术偏见、发明取得了预料不到的技术效果、发明在商业上获得成功。这些均与《欧洲专利局审查指南》类似。

在第三步判断非显而易见性时，我国与欧洲也略有区别。根据我国《审查指南（2006）》这样表述："判断过程中，要确定的是现有技术整体上是否存在某种技术启示，即现有技术中是否给出了将上述区别特征应用到该最接近的现有技术以解决其存在的技术问题的启示，这种启示会使本领域的技术人员在面对所述技术问题时，有动机改进该最接近的现有技术并获得要求保护的发明。如果现有技术存在这种技术启示，则发明是显而易见的，不具有突出的实质性特点。"从用词上，欧洲专利局《审查指南（2006）》用了"教导"，而我国的用了"启示"，并在2006年7月的指南修改中，加入了"动机"一词。这三个词在美国的"动机/启示/教导"方法中，具有可替换性。

如何认定存在上述启示，我国《审查指南（2006）》没有明确写明采用欧洲专利局的"可能—会"方法，而给出了"作用"是否相同标准，成为经常使用的、客观化的判断方法。我国《审查指南（2006）》这样表述"作用"方法：如果发明与最接近现有技术的区别特征"为另一份对比文件中披露的相关技术手段，该技术手段在该对比文件中所起的作用与该区别特征在要求保护的发明中为解决该重新确定的技术问题所起的作用相同"，则认为该存在着技术启示。

表1－7　中国与欧洲创造性判断的比较

中国		欧洲	
第一步	确定与发明最接近的对比文件：第一考虑因素发明领域相同	第一步	确定最接近的现有技术：第一考虑因素与请求保护发明具有相同的目的或效果
第二步	确定发明与最接近的对比文件的区别特征和实际解决的技术问题	第二步	确定发明的区别特征，和发明实际解决的技术问题
第三步	判断要求保护的发明对本领域的技术人员来说是否显而易见：判断现有技术整体上是否存在某种技术启示	第三步	本领域技术人员确定是否显而易见："可能—会"判断法

通过对比可知，我国三步法借鉴欧洲，但在确定是否显而易见上，更多地吸收了美国TSM检验法中的用词，即启示、动机等。我国《专利审查指南（2010）》规定，在下述情况通常认为现有技术中存在"技术启示"：

（1）所述区别特征为公知常识。例如，本领域中解决该重新确定的技术问题的惯用手段，或教科书或者工具书等中披露的解决该重新确定的技术问题的技术手段。

（2）所述区别特征为与最接近的现有技术相关的技术手段，例如，同一份对比文件其他部分披露的技术手段，该技术手段在该其他部分所起的作用与该区别特征在要求保护的发明中为解决该重新确定的技术问题所起的作用相同。

（3）所述区别特征为另一篇对比文件中披露的相关技术手段，该技术手段在该对比文件中所起的作用与该区别特征在要求保护的发明中为解决该重新确定的技术问题所起的作用相同。

七、结论

在创造性判断客观化的问题上，各国法院争议的焦点在于本领域技术人员对是否存在与现有技术相结合的启示的把握。尽管各国都引入了本领域技术人员这一概念，但在如何使之客观化上，受知识和创造力等变量的限制而在操作上难以统一。在是否存在与现有技术相结合的启示的判断上，四国给出了大量的判断原则、方法和实例，其表述虽然不尽相同，但实质上都主要集中考虑技术问题、技术领域、技术效果等因素，是可以相互参考与借鉴的。但是，科技的发展必然要求不断调整判断标准，而且各国审查员、法官在实际判断中都有较大的自由裁量空间，这将使创造性判断长期处于客观化与差异性之间的紧张状态。

英国企业创新政策的特点和启示

邸晓燕 郭铁成*

英国拥有实力雄厚的科研基础和高效率的创新系统，为保持其优势地位，从战略到政策，政府作出了推动企业创新的具体部署。英国的企业创新政策具有鲜明的特点，诸多方面值得借鉴。

一、英国企业创新政策的战略目标

英国在许多技术领域都有出类拔萃的表现，在一些前沿技术领域掌握着核心技术，政府的目标是使英国成为世界上最有创新精神的国家，最适宜创立、培育企业的地方，并帮助企业在全球竞争中保持领先优势。

（一）“向上竞争”（race to the top）

所谓向上竞争，就是通过科学、技术的创新将英国产业改造成提供高价值产品和服务的知识密集型产业，使英国经济形成持久的、世界范围内的领先优势。

英国向上竞争的目标是在全球竞争中形成的战略。发展中国家凭借劳动力资源优势，通过降低劳动力成本获得市场份额，最终结果是竞争不断向下，被锁定在价值链低端。面对这种态势，英国采取“扬长避短”的策略，避免陷入劳动力成本不断下降的竞争，转向通过优势生产要素“向上竞争”。英国在利用新市场方面居于有利位置，拥有灵活的劳动力市场，卓越的科学发现基础、高水平的大学毕业生、开放的经济体以及国际视野。[1] 英国对以下领域进行投资，如创新、教育、科技基础设施等。近年来，高技术制造业和知识密集型服务业在国民生产总值中的份额快速增长。

“向上竞争”也是国际化战略，政府推动企业在全球范围内参与竞争合作，鼓励本国企业参与国际科技合作，鼓励创新企业到国外发展，提供资金支持吸引外国

---

* 邸晓燕：北京化工大学文法学院教师。郭铁成：中国科学技术发展战略研究院研究员、副院长。本文是科技部政策法规司委托课题“国外政府促进企业创新政策比较研究”的阶段性研究成果，曾发表于《科技与法律》2012年第2期。

[1] DAVID SAINSBURY. The Race to the Top：A Review of Government ' s Science and Innovation Policies. October，2007.

的企业研发中心进入英国。在英国开展业务的外国公司，也能享受英国政府对创新工作的政策支持，可以申请研发资助，如研发税收减免和补贴规定、尤里卡计划、联系计划、预测计划、欧盟研究与技术开发框架项目、研发拨款、调查与创新拨款等。英国贸易投资总署（UKTI）正在为金融服务、信息通讯技术、生命科学、创意产业与能源产业制定以企业为主导的、针对海外客户和潜在投资者的英国营销战略。

（二）经济"再平衡"（rebalance）

未来将是一种制造业和服务业互相促进的混合和平衡的经济，现代制造业处于新技术、产品和工作方式的前沿。制造业与服务业平衡融合发展，相得益彰，才能全面推动英国重返世界经济领先者的卓越地位。2007年国际金融危机发生后，无论在经济还是环境方面，英国亟需建立一个平衡、可持续发展的增长模式以应对长期挑战。基于经济"再平衡"的目标，英国将复兴制造业作为政策关注的一个重点。最近英国国家科技艺术基金会（NESTA）在一份报告中指出，为了让制造业占经济的份额到2020年回升至20世纪90年代末15%的水平，制造业必须实现历史上年均6.2%的高增长。❶

英国发展的制造业不是简单的加工制造，而是制造业与服务业融合的高端制造。第一种方式是"产品+服务"的模式。制造业产生的附加值包含一大部分服务收入，制造和服务形成联合价值，例如，一些飞机制造商以"按飞行小时包修"的形式销售引擎，引擎的资金成本通过服务的运营成本形式得到补贴，而不是分开单独支付。第二种方式是分布式制造。这种模式允许产品在同一个地点利用软件设计出来，然后再转移到若干不同地点进行生产，根据需求变化本地生产设施快速重新装配，实现产品定制化生产。

英国在创意❷产业中居于世界领先地位，如建筑、时尚、产品设计、广告、表演艺术、游戏软件，以及电影及广播等诸多行业，英国的从业者和企业都是世界一流的。创意产业等服务业领域与制造业具有不可分割的联系。产品设计的建立是为了服务于英国制造业。如果制造业消失，与之相联系的设计能力也会逐渐消失，服务业发展也就失去了根基。如果服务业与制造业脱节，那么英国服务业，特别是创意产业的巨大"产能"就无法投射到制造业。

（三）联系与催化（connect and catalyze）

成功的创新需要产业界、研究界和政府采取更长远的视角和更合作的方式。英国政府发挥着"联系"和"催化"的作用，推动产业界—研究界合作和创新成果的

❶ 参见：科学技术部国际司和中国科学技术信息研究所2010年4月编制的2011年国际科技动态翻译报告之一《技术和创新的未来：2020年代英国的增长机制》。

❷ 指的是通往新产品和新服务的各种途径，也是获得更高生产力的手段。

商业化。联系主要依托项目计划加强产业界和研究界的合作，促进知识转移；催化主要是在企业的新思想新观念产生之后，进入市场完全商业化之前的这段时期，政府帮助企业克服困难，找准方向，加快创新的脚步。

联系主要是通过项目计划，协调研究界—产业界的沟通与合作，提升产业界获得新知识和新思想的机会。英国商业、创新与技能部（BIS）开展了多个项目计划。主要通过三类项目推动：一是鼓励合作研究的联系（LINK）计划。在英国政府确定的优先发展的高新技术领域，资助大学与企业合作，重点面向大企业。20世纪90年代以来，英国政府将联系计划扩展为“联系—挑战”计划、“联系—预测”计划和“联系—奖励”计划。二是知识转移合作伙伴计划（KTP）。由教研公司（TCS）项目和院校与企业界的合作伙伴计划两个项目合并而成。三是法拉第伙伴项目。主要通过英国中介机构将科学、工程和技术基础领域研究机构与产业界密切地联系在一起交流互动，实现创新和技术扩散。法拉第合作伙伴计划切实地为企业和研究机构之间搭建了一个合作研究的平台，使知识的获取和新技术的开发有机地结合在一起，成为英国产学研合作的主要模式。

在创新的道路上充满迂回、障碍，创新有多个可能的“出入口”，政府用一系列的政策手段催化创新，缩短从新思想到市场实现的时间和距离，包括扶持早期阶段的小企业，建立技术创新中心服务网、增强知识交换和开放创新。有些政策降低了创新的风险，有些政策形成了新的供应链。

二、英国企业创新政策的基本原则

通过对英国创新政策分析发现，公平性、间接性和简明性是一以贯之的原则。

（一）公平性

英国政府主要从横向和纵向两个方面介入创新活动，横向推动指的是面向所有企业，通过提供创新所需的基础设施和基础技术（包括测试、标准等）；纵向措施是在市场失灵的地方实施政策调控，恢复市场的公平竞争。英国政府的目标是让所有企业都能享有平等的机会开展创新活动，享有均等的社会公共服务。对落后地区和较贫穷的人群，政府专门制定了相应的政策予以特殊支持，针对不同种族、性别、年龄、残障、信仰等人群，英国制定了更宽泛的公共事业目标，以弥补短板。

支持中小企业创新是公平性的重要体现。全英国企业总数400万个，按欧盟中小企业标准，雇员少于250人，年营业额不超过5 000万欧元或资产少于4 300万欧元属于中小企业，中小企业占全部企业的99%，雇用现有劳动力人口的一半以上。按照企业规模和开展研发项目的类别，英国政府对中小企业科技创新可给予以下四类资助：一是对微型企业的小型开发项目的资助。雇员数少于10人的微型企业，实施期限在12个月以内的低成本开发项目，最多可给予2万英镑的资助。二是创新型研究项目资助。对于雇员数少于50人的企业，实施期限在6～18个月的创新型研究项目，最多可给予7.5万英镑的资助。三是创新型开发项目资助。对于雇员数少于250人的企业为某一具有创新性的产品或流程进行的开发项目，最多可给予20万英镑的资助。四是中小企业开展的重大科研项目的资助。对于雇员数少于250人的企业开展对行业有战略意义和广泛经济效益的重大科研项目，最多可给予50万英镑的资助。

以税收减免方式给予私营企业补贴。所有在英企业研发投入超过1万英镑，均可享受税收减免，对中小企业制定了更为优惠的税收减免标准。研发税收减免计划允许企业在计算应税利润时，大企业可以扣除125%，中小企业可以扣除150%。

（二）间接性

对创新活动的直接资助中，除了在创新基础设施方面保证科学研究的稳定资助，和对中小企业的创新活动给予少量资助之外，大多数创新政策都是综合利用财政税收及金融等手段，对企业创新活动给予间接性的支持。政府的直接投入也是以间接刺激为目标，其最大效应是起到一个杠杆作用，而不是单纯的资金分配。间接性政策主要包括研发税收减免、风险投资、融资担保以及公共采购等。其中，研发税收减免是英国政府激励企业创新政策的旗帜。自从2000年实施研发税额减免以来，已经完成了3万多项抵扣，成功给予英国的创新企业23亿英镑的支持。[1] 目前，通过研发税收减免政策，每年能够给企业大约10亿英镑的支持。

（三）简明性

2009年，英国一项调查中，超过60%的企业认为政府的管理是一种阻碍。因此，政府从企业的需求出发，将管理部门的要求简化和合理化，全力压缩管理成本，废除不必要的法律，改变政府管理文化。政府要致力于实现最优管理，是指不会给企业或消费者带来额外的成本或负担的管理，具备五项特征：相称、负责、一致、易懂、定向。消除或简化现有阻碍增长的管制规则，减少新管制规则的总量，提高现有新规则的质量。政府出台规则必须符合三个条件：第一，能够证明可替代的方式，如自我管制、无管制不能实现更满意的结果；第二，要用成本收益分析证明，在何处管制方法优于自我管制或无管制方法；第三，管制能被证明是适当的、可解释的、始终一致的、透明的和有针对性的，还要说明管制和实施管制框架能够在何处实施。

从2010年秋季开始，政府部门采取了"进一个，出一个"（One in，One out，简称OIOO）的控制机制，即各部大臣在采用一项新的规章之前，必须证明已经废除了一项规章。新政策问题出现时，调整部门管理规则之前，要通篇考虑管理的各项可选择方式。建立了最优管理执行委员会（BRE）和减少管制委员会（RRC），

[1] HM Treasury. Enterprise：Unlocking the UK's Talent ［EB/OL］.［2012－05－23］. www. hm-treasury. gov. uk/01/bud08 _ enterprise _ 524. pdf.

从战略上监督政府管理框架实施，审查、质疑和批准所有的新规制提案。若要“进来”，政府先启动“后果评估程序”，由独立的“调整政策委员会”从外部进行成本收益审查，评估规则给企业带来的净成本，得到调整政策委员会认可后，然后找出一项可废止的规则（“出去”），以降低管制的总成本。增加企业或社团组织管制负担的立法提案，和2011年4月之后生效的立法提案，现在必须附有替换说明，这些提案要进来的话，可以替代哪些可“出去”的规则。这样，使政府谨慎出台管制规则，而尽可能采取非管制的方式实现政策目标。

有些不必要、过于复杂的监管可能扼杀企业，特别是小企业，更容易受到管理负担的影响，因此英国政府特别针对小企业设计了简化管理的计划。首先，政府引入新的部门监管预算制度；其次，引入与小企业政策相一致的新监管方案，检验小企业是否能从新的监管中豁免，或适用简化程序；如果可能，政府应与小企业合作，为小企业设计特定的方案；第三，提高企业对官方监管的信赖程度，从而降低执行中的摩擦成本。

这种简化监管的方式起到了良好的效果。2011年1月～6月，提议新增规则的数量降低了70%（从157项降低到46项）。在这46项提案中，只有11项增加了企业执行监管政策的净成本。❶“进来”的新增规章有8项，待规制政策委员会确认的新增规章有3项，26项给企业带来的净成本为零。用“出去”替换的规章有9项。每年因“进来”规章而给企业增加总直接成本为0.65亿英镑，因“出去”规章给企业节约的总直接成本为32.72亿英镑，每年给企业减轻负担总额为32.07亿英镑。❷

三、近期英国企业创新政策的特点

（一）注重促进企业创新的框架政策（framework policy）

英国形成了开放、自由、公平的市场框架，政府部门的职责就是确保市场在清晰规则下高效运转，帮助企业和公众应对全球性挑战。政府努力将英国的公司法、公司治理机制保持在世界最好的水平，公平、现代、有效的公司法律体系有利于提升投资和就业条件，使企业有信心开展创新活动。政府注重促进企业创新政策的框架稳定，企业只要遵循基本原则，执行政策即可。框架政策严密而规范，不会对创新的专门政策产生效应抵消，追求创新符合企业的利益。根据英国商业、创新与技能部知识与创新司副司长John Dodds的判断，“如果政府不发挥作用，90%的企业创新还是会发生。”在整个国家的创新活动中，企业发挥着绝对主导的作用，而政府提供了良好稳定的机制和外部条件，即使政府不积极鼓励创新，企业的创新活动

---

❶ 指企业为执行规则而支付的直接费用。
❷ HM Government. One-in，One-out：Statement of New Regulation [EB/OL]. [2012-09-30]. http://www.bis.gov.uk/polices/bre/one-in-one-out/statement-of-new-regulation.

依然会进行。这说明英国促进创新的机制成熟、稳定，构成了创新的“硬条件”。

（二）通过消费者需求拉动创新

“在旧工业模式中，世界被分为生产者和消费者，但我们现在正在看到合作创造的案例，创新日益出现在收银机的两边。”英国在高价值制造和服务领域具有强大的比较优势，这两个领域变革的主要推动力都来自消费者的需求。一些部门正在进行有价值的用户驱动的研发。英国国防部、卫生部和能源技术研究所都有这样的例子。

政府在制定战略、政策时，以需求为主导。技术战略委员会❶提出创新战略的四大目标之一是“确保今天的新兴技术成为明天的增长部门”，首先考虑的是有无需求，有无市场，然后才是技术领域选择。选择技术领域时，技术的先进性不是首要标准，首要标准是具有增长点，但一定是将来能够满足市场需求，推动经济实现增长的技术。

（三）支持金融机构为中小企业融资

为了使更多企业能获得便捷的融资渠道，英国政府采取了以下措施：

一是为企业提供融资担保。英国政府在2009年1月发起了一项企业融资担保计划（EFG），为那些没有足够抵押品获得商业贷款的中小企业提供融资担保，符合条件的中小企业为年营业额在2 500万英镑以上，申请贷款额度为1 000英镑至100万英镑。EFG与主要银行合作，这些主要银行的业务范围覆盖了97%的中小企业。到2011年3月通过EFG为小企业提供银行担保贷款额度将达到7亿英镑。

二是社区投资税额减免（CITR）。这是英国财政部、税务局和企业委员会联合推出的项目，对个人或法人组织投资于社区发展金融机构的资金进行税收减免，具体办法是在投资的当年及之后4年内每年减税5%。社区发展金融机构再为符合条件的企业、社团法人或公共工程提供资金。

三是解决延迟付款。政府在1998年引入了延迟付款商贷利息法案，逾期未支付的货款，雇员为50人及以下的小企业有权要求得到商贷利息作为补偿。2002年8月起该法案适用于所有企业和公共部门。商业、创新与技能部发起了一项新的立即付款规章，其关键内容包括鼓励企业按时给供应商付款，给供应商明确的指导；鼓励供应链的最佳实践。商业、创新与技能部还与信贷管理协会、主要企业与金融机构合作，开展了一系列现金流管理指导活动，保证每个企业都有机会获得最好的指导和支持。

（四）降低风险提升资本市场的有效性

英国具有在欧洲领先的风险资本市场，规模大、发展程度比较完善，约占整个

❶ 是市场化运作的非政府公共机构，接受商业、创新与技能部的领导但相对独立，关键作用是解决英国在技术和创新领域存在的零散问题。

欧洲风险资本投资市场的1/3，仅次于美国位列世界第二。过去的十几年中，在风险资本的支持下，诞生了许多世界级的高技术企业。在风险资本市场失效的领域，政府提供了一系列的支持。比较突出的几个工具是风险资本信托计划、企业资本基金、母基金。政府分担风险的方式有所不同，对风险资本信托计划政府提供税收优惠，企业资本基金和母基金，主要是政府为之提供匹配的资助金。

风险资本信托计划是引导资金流向初创企业的一项有效工具。该计划自1995年开始实施，目的是让个人购买风险资本信托公司的股份，从而给小型高风险企业直接投资。政府给予风险资本信托计划一系列的税收优惠，提高了投资者的收益，降低了投资于小公司的风险。金融危机发生以后，小的投资者对高风险投资更加警觉，投资逐渐从高技术向规避风险的领域转移。

2005年7月出台了企业资本基金计划（ECF）。这一基金主要是为成长型中小企业提供合适的风险投资，其具体做法是，政府可为有资格的中小企业提供25～200万英镑，作为企业的股本金，以带动私有基金和其他资金的投入。公司壮大后，应优先向政府偿还企业资本基金，并支付利息和部分盈利。至今已设立了9项企业资本基金，政府和私人部门共同投资，以弥补中小企业在资金获取中市场失灵的鸿沟，消除资金获取中的障碍，使中小企业获得平等的融资机会。

2001年，原贸工部成立了英国高技术基金，目前仍在运行周期中。它是一个世界闻名的政府支持的母基金——“基金之基金”，不直接投资于项目，而是参与发起创立新的专业性投资机构，间接支持符合条件的项目。高技术基金由英国政府和私人投资机构共同出资成立，主要用于鼓励高技术风险资本投资，政府作为奠基石投资人，投入2 000万英镑，带动机构投资者投资额达到1亿英镑。这项基金每年内部收益率要达到10%，如果所得少于这个数值，贸工部就要追加2 000万英镑，这样大大降低了私人投资者的压力。该基金必须投资于英国的高技术企业，支持其早期阶段的发展。

（五）政府采购创新产品和创新服务

英国政府每年用于采购的支出占GDP的12%以上，约2 200亿英镑。其中超过55%用于采购信息技术系统及服务。新产品和服务的需求对促进创新活动非常关键。政府积极推进改革以提高采购能力。

第一，提高中小企业获得采购的机会。2001年启动的“小企业研究首创计划”（SBRI），试图借鉴美国经验，将政府研发经费的2.5%用于中小企业，规定政府订购的25%的合同应给予中小企业；在2010年6月的预算中宣布，更大限度提高采购的透明度，小企业可在网上免费投标于中央政府的采购。在公共部门简化了政府采购的程序，将低于欧盟门槛条件的较低价值合同的资格预审调查表标准化以方便中小企业，并进一步提高特别采购的竞争性和专业性。2010年9月建立了一个新的网站，在网站上公布所有价值超过1万英镑的中央政府招标文件，企业可以自由获取，并便捷地在网上进行投标。目前进行了调整，只有2万英镑以上的合同才可以网上投标。此外，2006年3月发起的一个专门提供低价值（特别是低于10万英镑）公共部门采购入口机会的网站，为所有企业，特别是中小企业，提供低价合同的机会。

第二，推动对创新过程的采购。实行“未来承诺采购试点计划”（Forward Commitment Procurement，简称FCP），政府向市场通告采购需求并提供购买方案，如果有满足需求的供给，政府就以议定的价格和条件采购。通过这种采购，给潜在的供应商确切的需求信息，以及公共部门和私人部门未来的需求信息，为创新导向的企业新提供商业机会。这种采购的特点是，用采购创新产品来引导整个创新过程，“预订”创新过程，用“后付费”的方式实现创新产品的采购。这样做的结果是帮助公众更好地解决问题，享用最新最好的创新成果，同时支持企业从事创新活动。

四、英国企业创新政策的启示

（一）创新政策要有明确策的战略目标

英国创新政策的战略目标是“向上的竞争”、经济“再平衡”、联系与催化。对于我国来说，自主创新政策也要确定明晰的战略目标，特别是要把改造传统产业、解决资源环境瓶颈问题、培育新兴产业、城乡一体化发展作为战略目标，促进经济发展方式转变。根据战略目标制定具体的创新政策，有针对性地采取公共采购、间接调控、供应链管理、资助或提供贷款、产权激励等政策工具。

（二）政府支持金融机构产品创新

英国具有发达的商业金融，近年来，政府商业金融的支持力度加大，特别是采取一系列市场化的政策支持金融机构产品创新。这是值得我们借鉴的。在企业特别是中小企业融资方面，针对商业性金融机构对企业创新活动的投资，我国政府也应出台税收优惠政策；还应以政府资金为杠杆带动风险基金发展。

（三）降低企业创新的政策成本

英国注重独立机构的审查和评估。如“进一个、出一个”的管制规则，政策效应由独立的调整政策委员会进行成本收益审查，较为客观公正地给出政策建议。而且，“要进一个，必须先出一个”的严格的监管政策框架，对降低“服从”成本、保证政策的合理有效，具有十分重要的意义。在我国，规章制度出自各个部门，比较分散，缺乏系统性协调性，有些政策规章互相矛盾，很多政策规章没有常规退出机制，该废止的没有废止。可借鉴英国“进一个，出一个”的监管原则进行适当调整，与已有政策及国外政策进行对比，保持政策的连续性，避免与世贸组织规则相冲突。将创新领域的专门政策进行整合，政策之间在保持各自侧重的同时，避免多余和重叠。

（四）创新政府采购的方式方法

未来承诺采购并不是采购已有的产品，而是引导企业投资于创新，承诺对即将产生的创新产品进行采购。政府向市场通告采购需求并提供购买方案，给潜在的供应商确切的需求信息，与供应商们谈判，确定符合条件的企业，给予采购“承诺”，最后创新的产品生产出以后，政府就以议定的价格和条件采购。

可以借鉴英国的做法，利用采购的政策工具，促进创新活动。首先，以创新型小企业为采购重点对象，英国的 SBRI 计划就是政府以向创新型中小企业提供 R&D 合同的形式引导创新。其次，预订创新过程，诱导未来的创新。

第二编

专利运用政策

我国高校技术转移中的知识产权策略

余　俊*

一、导论

技术转移是我国实施自主创新战略的重要内容，是实现技术创新、增强核心竞争力的关键环节，是创新成果转化为生产力的核心途径。高校是技术创新和技术转移的重要平台，也是开展科学研究的主要基地。据统计，1955～2009 年当选的中国两院院士中，40.92%来自高校。[1]“十五”期间，高校承担各类课题 61.9 万项，其中作为第一承担单位承担的“973 计划”项目占立项总数的 54.5%，承担的“863 计划”项目数和经费额占 40%左右。近五年来，高校累计获得国家自然科学奖 90 项，占授奖总数的 57.7%；技术发明奖 89 项，占授奖总数的 64%；科技进步奖 543 项，占授奖总数的 54.8%。在 2006 年国家科学技术奖励中，高校获得了自然科学奖和技术发明奖的全部一等奖（共 3 项）。截至 2006 年底，全国高校专利拥有量达 4.5 万项，其中发明专利拥有量 2.6 万项。[2]

另一方面，虽然高校科技成果累累，但全国高校专利申请数量仅集中于 25%左右的高校。清华大学、复旦大学、上海交通大学、浙江大学、武汉大学、华南理工大学 6 所高校申请的专利占全国高校专利申请总量的 26.5%。其他大部分高校专利申请量很少甚至空白。[3]国家知识产权局 2005 年发布的《高等学校知识产权保护的现状及对策研究》调查报告显示，2000～2005 年，全国高校专利申请量 18 137 项，专利授权量 8 389 项，专利实施量 1 910 项，专利实施量占授权量的 22.8%。换言之，77.2%的高校专利没有产业化。[4]显然，高校技术转移成了我国国家创新体系建设中的薄弱环节，给我国自主创新能力的提高造成了重大障碍。

技术转移的核心是知识产权的创造、运用、保护和管理。知识产权是由先进生产力所带来的财产关系，是保护技术创新、技术转移有序进行的一项基本制度，是和“技术开发—产业—消费者”组成的市场结构相对应的一组财产权利。对技术转移中的知识产权策略，特别是技术创新、技术转移与知识产权的创造、运用、保

* 余俊：北京化工大学文法学院副教授。本文曾发表于《云南大学学报（社科版）》。

护、管理之间的天然联系进行研究，是必要而重要的。

二、技术转移与知识产权的辩证关系

从广义言之，技术转移是技术资源在社会系统要素的参与下而进行的纷繁复杂的运动过程；从狭义而言，技术转移则是技术本体从技术供体向技术受体的横向运动。因此，技术本体、技术供体和技术受体是制约技术转移的三大基础性要素。[5]这三大基础性要素与知识产权具有不可分割的逻辑关系，具体表现为以下三点。

（一）技术转移本质上是知识产权的商业利用

技术成果以知识为表现，因而技术转移的过程，本质上是知识转移、知识传播的过程。知识在形态上不具有实体性，不能独占，可以分享，其在转移过程中不会损耗，在传播过程中不可逆转，在使用过程中可以复制，这就决定了技术转移本身就是知识传播和扩散的过程。在法律关系中，知识是知识产权的对象，知识产权制度是开发和利用知识资源的基本制度。知识产权制度通过调整人们在控制、利用知识的过程中所产生的利益关系，激励知识创新，推动经济发展，促进社会进步。知识产权制度，从一开始就是市场经济的产物。知识产权在本质上是一种财产权，作为知识产权对象的知识就应该具有商业利用价值。因为只有在交易过程当中，实现知识所有者的经济利益时，知识才是真正意义上的知识产权对象。如果知识不能被商业利用，其作为知识产权的对象就失去了正当基础。马克思指出，“每当工业和商业的发展创造出新的交往形式时，法便不得不承认它们是获得财产的新方式”。[6]知识产权制度同样如此。在市场经济条件下，资本主义创造了许多新的法律方式：在与商品生产直接相关的技术发明领域创造了专利权，在与商品流通有关的商业标记范畴创造了商标权，在文艺创作成果以商品形式进入市场时创造了著作权。所以，只有当技术等知识进入商业领域时，才需要知识产权制度予以保护。

因此，技术成果的转移和转化，也即知识的传播与利用。知识的流转与扩散，必然伴随着知识所引起的利益关系或社会关系的调整，这种利益关系或社会关系的调整，必然引起知识产权的权利归属、权利内容的变动。就本质而言，技术转移本质上是知识产权的商业利用。我国于1993年颁布实施《科学技术进步法》的核心目的之一，就是“尊重知识、尊重人才，尊重科技工作者的创造性劳动，保护知识产权”。该法于2007年12月29日修订后，更是在第7条明确规定：“国家制定和实施知识产权战略，建立和完善知识产权制度，营造尊重知识产权的社会环境，依法保护知识产权，激励自主创新。企业事业组织和科学技术人员应当增强知识产权意识，增强自主创新能力，提高运用、保护和管理知识产权的能力。”这说明我国很早就认识到加强知识产权保护对于促进技术转移的重要性，并不断地深化这一认识。

（二）技术供体的创造力与知识产权制度相融共生

国务院副总理李克强曾指出，“没有竞争就没有技术进步，没有知识产权保护，就无法激发科技人才创造的激情和动力。”[7]科技的创造者即技术转移中的技术供体。创造，是人类的本性，是它唯一优于其他动物的本质特征，是人类区别动物界的分水岭。知识产权制度则是“创造者获取经济独立的权利宪章”。[8]生产力的发展，归根结底是创造者的解放，人的解放。从奴隶社会到封建社会，再到资本主义社会，生产力的发展，都以劳动者和创造者的解放为前提。一个国家，一个社会，一个民族，要想发展生产力，就应当营造出一种环境和机制，让社会的每个成员都有机会发挥其聪明才智，并把这种才智转化为社会财富。这个环境和机制，就是人的解放。[9]社会制度是第二性的，它反映、调整和保障与生产力发展水平相适应的劳动者、创造者对自己劳动能力、创造能力的支配关系。伴随资本主义生产方式的胜利而兴起的知识产权制度，就像一把开启束缚人们创造力枷锁的钥匙，为发挥人的聪明才智提供了广阔的天地，促进了人类的解放，加速了生产力的发展。无论任何国家，知识产权制度在激发本国人民的创造热情，引进科学技术和文化方面都起到了无可比拟的作用。它所树立的价值观——“给天才之火添加利益之油”，正是技术供体的创造力之源，亦是技术转移的活力源泉与坚实基础。

（三）技术受体的利益与知识产权保护须臾不分

技术等知识可以复制，因为可以复制，所以可以由多人分享。从经济学的视角来看，技术供体将技术再次许可的成本微乎其微，也即当知识已经生产出来之后，便可以很低的成本再增加一份或多份供给，而利润却相当丰厚。如果不加限制，它可以被无限次地复制。当每个人都可以轻易获取时，会导致社会上的相同知识产品过多，供大于求，利润下降，从而极大地损害技术受体的利益，并导致其逐渐失去有偿获得技术许可的动力，最终会导致技术转移的活力急剧下降，甚至消亡。所以，技术受体的利益需要通过知识产权加以保护，否则将不利于知识的生产。从经济学言之，对技术受体的权益保护，就是减少同类产品的市场存量，避免恶性竞争，确保知识的营利能力。所以说，保护知识产权等于保护垄断。[10]

从世界范围来看，以知识产权来保护技术利用者的权益、促进技术转移的做法早已得到普遍的认可。例如，美国政府在1980年改革专利制度的宗旨即是促进由其投资开发的技术的专利化和商业化进程。[11]为此出台了一系列促进技术创新和技术转移的法律法规。例如《拜杜法案》（*Bayh-Dole Act of* 1980）、《史蒂文森一怀特技术创新法》（*Stevenson-Wydler Technology Innovation Act of* 1980）、《小企业创新发展法》（*Small Business Innovation Development Act of* 1982）、《国家合作研究法》（*National Cooperative Research Act of* 1984）、《联邦技术转移法》（*Federal Technology Transfer Act of* 1986）、《综合外贸与竞争法》（*Omnibus Foreign*

Trade and Competitiveness Act of 1988）、《国家竞争力技术转移法》（*The National Competitiveness Technology Transfer Act of* 1989）、《小企业技术转移法》（*Small Business Technology Transfer Act of* 1992）、《国家技术转让与促进法》（*National Technology Transfer and Advancement Act of* 1995）、《技术转移商业化法》（*Technology Transfer Commercialization Act of* 2000）等。尤值一提的是被英国《经济学家》（*The Economist*）誉为"美国半个世纪以来制定的最鼓舞人心的法律"[12]的《拜杜法案》，该法案规定，"非营利性组织（包括大学和其他高等教育机构）、小企业对于政府资助的研究成果可以获得专利权，并可以自行进行专利授权，而政府只保留一种介入权（March-in Right），只有当专利权人不采取有效步骤实施发明或政府出于公众健康或安全考虑的情况下，政府才有权责成专利权人向合理的申请者以实施许可的方式转移该项权利。"[13]从而以统一立法的模式取代了此前每所高校单独与资助机构协商确定研究成果知识产权归属的局面，并明显地体现出美国政府大力提倡将高校基于政府资助的研究成果以专利许可的形式向企业和社会转移的倾向。[14]

三、知识产权策略在技术转移中的地位

技术转移是技术供体与技术受体之间建立良性互动关系的关键，而良好的技术转移模式和机制的建立，核心在于技术转移过程中的知识产权制度安排。完善的知识产权制度是一项有效的激励机制、安全机制、平衡机制，重视和加强知识产权保护，对于鼓励发明创造、促进科技成果商业化，实现科技成果向现实生产力的转化有着积极的意义。

（一）知识产权是技术转移启动运作的逻辑前提

技术转移的运作，实际上就是使技术成果（技术本体）成为商品或资本的过程，亦即技术转移包括技术本体的商品化和资本化。技术本体的商品化就是指技术本体拥有方（技术供体）以获取一定报酬为目的，将技术本体的相关权益通过技术市场转让给另一方（技术受体）的过程；交易发生后，技术供体和技术受体按合同规定履行各自的义务后，不再存在任何经济联系。[15]技术本体的资本化是技术供体以技术本体作为资本投入企业，与企业的其他资本共同经营、共担风险、共享利润，形成新的经济实体的过程。

无论技术本体的商品化，还是技术本体的资本化，其本质都是相关权益的商品化和资本化，这些权益包括技术的专利申请权、专利权以及非专利技术的转让权等。技术本体的商品化是对技术从无偿使用到有偿使用的转变，即"使用权"的商品化，其实质是按照市场经济的要求，通过契约将技术供体和技术受体联系起来，从而实现科学技术向生产领域的转化，使科学技术转化为现实的生产力。技术本体的资本化是以技术的"产权"为纽带，将技术供体与技术受体联合起来，使二者优

势互补，形成利益分享、风险共担的经济实体。因此，无论是从技术供体的角度考察，还是从技术受体的立场出发，双方看重的都只是作为技术本体的某种知识的“权利”归属，用作商品或资本的都只是知识之上的“权利”，而非作为权利对象的“知识”本身。所以，知识的“产权化”是技术转移启动运作的逻辑前提，是技术供体获得利益回报的法律基础，也是技术受体支付对价的指向所在。

（二）知识产权是技术本体价值评估的法律基础

技术成果无论是作为商品进行转让还是作为资本进行投资，由于其形成过程的特殊性，都必须对其评估定价：新主流经济学的生产论认为，“物品的产量共同地取决于所有被使用的投入品的数量”，易言之，只要投入一定的生产要素，在正常情况下，总可以获得一定的产出。产品的价格以成本为基础，然而技术成果的形成不同于一般商品，技术成果的生产是知识的构建活动，它与投入的资金、时间并不具有线性的对称关系；技术成果能否研制成功在很大程度上取决于科技人员的知识水平、知识结构和研究集体的智力构成等。[16]所以，技术成果在转让或投资时不能以研制开发的耗费成本作为评估的基础，而只能以作为商品化或资本化对象的知识“产权”为基础，亦即所谓技术本体的价值评估，本质上是对支配技术的“权利”的评估，而不是对技术本身的价值衡量。

另一方面，适格的评估对象，必须是可以交易的商品，商品则以稀缺为必要。知识作为一种非物质的信息，可以被无限地复制，广泛地传播，普遍地利用。受此非物质性决定，无论增加多少消费者，都不会减少创造者和其他人的消费。而且，知识是几千年来人类智慧的结晶，任何人本来都可以无偿享用或者说不应阻止他人享用。只是出于实现激励创新的目的，资本主义才创造了知识产权制度，赋予发明创作人以控制、利用知识的权利。知识产权人既可以把其拥有的整体支配权作为交换对象，也可以将其按照地域、时限等条件拆分后当做多个交易对象，依交换双方的交易目的而定。交易的完成，也不意味着交易主体失去了知识，对知识本身的消费和合理享用是任何人以任何手段都不可能阻止的，一经公开，人人均可得而享之。[17]所以，知识一经创造，便不具有稀缺性，稀缺的只是对知识这种对象的商业利用“权利”，权利则基于法律的规定。因而使技术“产权化”才是技术本体价值评估的法律基础。

（三）知识产权是技术转移交易过程的安全保障

“人民的安全乃是至高无上的法律”，[18]法的安全分为静的安全和动的安全，“静的安全乃对于吾人本来享有之利益，法律上加以保护，不使他人任意夺取，俾得安全之谓，此种安全之保护，系着眼于利益之享有，故亦称‘享有的安全’或‘所有的安全’；动的安全乃吾人依自己之活动，取得新利益时，法律上对该项取得行为进行保护，不使其归于无效，俾得安全之谓，此种安全之保护，系着眼于利益之取得，故亦称‘交易安全’”。[19]

静态安全，以静态利益为保护的目的。静态利益，即归属性利益，它决定利益在不同主体间分配的静止结构、状态、形式和格局。[20]知识财产静态利益的维护，以权利法定为主要原则，“知识产权法定原则使得知识产权的权利界定明确，种类简单，而这既能保证交易安全和秩序，也能带来对知识产权所保护的知识或信息的使用的效率和人们的自由”。[21]因而，知识产权法定是技术转移稳定化、安全性的前提和基础。另一方面，随着社会的发展，知识产权从权利人自己拥有、实施、获利来实现其价值，发展到通过商品化、资本化等技术转移的方式来实现知识产权的价值。可以说，知识产权的商品化、资本化是知识产权价值体现的高级形态，是知识产权商业利用的最充分形式。商品化、资本化的过程，即技术转移的过程。在技术转移过程中，为了维护交易秩序和交易安全，必然离不开一定的知识产权规则。在知识产权领域，此类规则主要表现为登记以及登记的变更等公示制度。公示制度的存在，使外界得以明晓技术的权属状况，并从权属状况的变化查知权利的变动，对此变动予以认可和信任。公示制度的这一权利变动宣示功能，对于保护相对人的利益，维护市场交易秩序，莫不具有重要的安全价值。所以，知识产权策略可以保障技术转移的安全，既包含静态利益的享有安全，也包括市场交易的动态安全。

（四）知识产权是技术供受体间利益冲突的平衡机制

在社会关系中，冲突是一种不可避免的社会现象，而利益冲突则是冲突的实质所在，“利益就其本性来说是盲目的、无止境的、片面的。一句话，它具有不法的功能”。[22]利益冲突是由一定的利益差别和矛盾引起的。它具体表现为利益主体由于追求的目标不同而产生的利益纠纷和利益争夺，是利益主体之间存在利益矛盾的激化形态。由于利益在本质上根源于一定的社会物质生产关系，而人们对利益的实现都是在有限的资源条件下出现的，所以利益冲突的根源在于不同的利益主体对有限社会资源满足的有限性和条件性。人类之所以能够在这种充满冲突的利益关系中发展和进步，关键在于对不同的利益冲突进行协调。利益冲突之所以能够协调，则在于“权利—利益”调节机制的存在。这种机制即法律。法律通过在制度上对权利义务的有效分配而使其调整的利益关系主体实现其所追求的利益。[23]

知识产权法与利益有着“天然”的联系，与技术转移直接相关的专利法即是在专利权人的垄断利益与社会公共利益之间进行利益衡量、选择和整合以实现一种动态平衡的制度安排。专利法是在市场经济条件下进行技术创新、技术转移的一种基本动力机制，也是保护技术创新成果和技术成果转移的法律机制，[24]是以技术进步为目的，在技术供体与技术受体之间建立的“对价”或衡平机制，它既照顾到了技术供体的利益，激励其创造出更多的知识成果，又兼顾了技术受体的利益，实现知识产权法促进科技文化进步的社会目的。

四、高校技术转移中的知识产权策略原理与运用

1999年颁行的《高等学校知识产权保护管理规定》并未规定促进技术转移的具体措施。2004年公布的《教育部、国家知识产权局关于进一步加强高等学校知识产权工作的若干意见》也仅在第16条抽象地规定："加强高等学校技术服务机构建设，促进专利技术的实施。强化专利管理与技术转移、科技成果产业化的结合，积极推进各种形式的专利实施。鼓励在部分大学设立专利技术评估、集成、孵化机构，促进专利实施，以实施促保护。"除此之外，我国并没有制定促进高校技术转移的详细规则，更没有促进高校技术转移的具体策略，使我国高校的技术转移无法有效地开展，亟须予以改进。下文将以技术转移与知识产权的辩证关系为逻辑前提，以知识产权策略在技术转移中的地位为论证基础，就我国高校技术转移中知识产权策略的基本原理和具体运用提出四方面的建议。

（一）切中知识产权的经济本质，面向市场需求

"科学技术是第一生产力"。科学是现代生产力发展的基础，它通过向生产力系统中的各个要素的广泛、深入的渗透而改变这些要素的质和量，改变由这些要素的结合形成的既定结构和既定功能，从而在总体上提高生产力水平或改变其性质。技术作为科学的物化，作为联结科学与生产的中间环节，具有直接进入生产过程、成为现实生产力的条件和性质。历史表明，科学的应用、新技术的发明已成为近代以来推动生产发展的主要力量，影响社会进步的重要因素。[25]"劳动生产力是随着科学和技术的不断进步而不断发展的"。[26]没有知识就没有劳动，没有劳动也就没有生产力。所以，离开了科学技术，就没有生产力可言。[27]

但是，科学技术本身并不是生产力。科学技术要转化为生产力，关键是技术转移，即知识形态的科学技术只有转化成为物质形态的生产力，才能产生社会经济效益，否则它只是潜在的生产力。技术转移是市场行为，技术成果能否有效地实现商品化、资本化、产业化，并转化为经济效益，前提是该技术是否适应市场需求，能否成为市场发展所需要的资源。只有当技术优势变成市场优势时，才会出现正反馈（良性循环）：不断得到市场新需求的刺激，不断改进和提升新技术，从而保持技术和市场的领先。

我国高校的科研项目大多是根据国家有关部门或委托部门的招标等进行的申报，在立项论证时，偏重于方案的理论分析与技术评价，却不注重对其市场应用前景的科学论证，只求论文发表，不求商业运用，导致科研成果与市场需求相互脱节，难以向现实生产力转化或者转化水平不高。或者是有些科研成果虽然跟踪或者领先于国际水平，但没有考虑国内生产者的技术和设备条件，以及国内市场的实际需求情况，因而难以得到开发应用。因此，贴近市场需求是高校技术转移成功的前提。再完美的技术成果，如果没有市场，就没有转化的必要，也就失去了研发的正

当性。高校科研人员在课题立项调研时，一定要以市场为导向，研究和开发适应市场需求的新技术、新产品、新方法。这就要求科研人员在选题时，要深入调查研究，了解市场需求，避免选题与生产、市场相脱节。只有如此，才能使技术成果最大可能地转化为生产力。

（二）借鉴知识产权的激励功能，完善奖酬机制

激励机制是知识产权制度中最基本、最主要的内容。知识产权制度激励功能的实现，在于通过建立一种利益驱动机制，刺激投资于智力创造的活动持续不断地进行，从而促进技术进步，推动经济增长。知识产权作为知识财产创造者依法获得的权利，实际上是国家通过相应法律制度解决知识产品的外部性问题，从而避免出现无偿利用他人智力成果的“搭便车”行为。如果知识产权得不到有效的界定和保护，那么社会的创新活动将会受到极大的抑制。

高校技术转移的中坚力量是对技术研发作出创造性贡献的发明人、设计人等技术开发人员，激励和调动他们的积极性是技术转移成功的保证。尽管《专利法》第16条和《专利法实施细则》第76条、第77条、第78条明确规定了职务发明创造的权益分配机制，但不少高校对这一规定还未兑现或者兑现不到位，只有浙江大学少数几个专利高产的高校实现了更为合理的奖酬制度，[28]权益分配机制的阙如或失调，不仅导致大量科研成果游离于知识产权保护体系之外，而且导致高校大量知识产权利益的非正常流失。前者反映在科研人员疏于知识产权保护的获取，特别是对于职务知识产权成果的保护。例如，在我国专利申请中职务发明与非职务发明的比例为7∶3，而国外的非职务发明仅占申请总数的3%左右。我国“863”计划实施后的十年间，共鉴定成果1 200余项，发表论文20 000余篇，而申请专利仅为240多项。[29]后者则体现在大量高校科研人员对外技术兼职中的非正式技术转移，特别是非专利技术的扩散等。

为了解决高校与科研人员之间奖酬机制不完善的问题，比较可行的措施是在高校与科研人员之间建立奖酬磋商机制，根据技术成果的市场应用前景，以及技术转移后可得的利益进行协商，以具体确定科研人员获得利益回报的比例。并且，随着市场情势的变更，奖励、报酬标准应可以随时修改调整。从而使科研人员切实参与技术转移的利益分配，尊重其应得利益，通过“协商式民主”，以契约保证高校科研人员应得的奖酬得到保障，以兹激发其创新和创造的热情，促使技术成果真正转变为国家创新的原动力，促进财政投入与产出通过高校技术转移形成技术创新的良性循环。

（三）领会知识产权的应用需求，创新转移体系

技术转移，本质上是知识产权的商业利用。“知识产权制度从建立之时就根植于知识商品化的基础之上，其财产利益与社会价值的实现，并非表现为权利人对知

识的支配，而是一个‘个人创造—他人传播—社会利用’的过程。知识产权所有人往往要借助他人的传播或使用来实现自己的利益，才能使得知识产权不仅具有法律意义，而且具有实际价值”。[30]

技术的意义就在于通过实际应用，减少投入、增加产出、提高质量、发展生产力、促进社会的进步和繁荣。因而，需要创建和创新高校内部的技术转移体系。目前，我国高校知识产权通常由校科技处管理，部分大学曾设有专利办公室或事务所及类似机构。由于在实际操作中，知识产权的管理，尤其是技术成果的产权化、商品化、资本化及产业化，不仅需要工作人员具备知识产权法律知识和权利意识，而且也需要工作人员拥有市场眼光、创新能力和风险意识。所以，不能简单地将知识产权工作列入科技处的工作范围，需要设立更为专业、专门的机构来负责技术成果的商品化、资本化以及产业化的全过程。比如，可以在《高校知识产权保护管理规定》中明确规定建立类似于美国大学的技术许可办公室（Technology Licensing Office）或技术转移办公室（Technology Transfer Office），由懂技术研发、懂市场运作、懂知识产权法律的专业人员组成，专门负责高校科研成果的产权化、产业化工作，从而能够有效地在高校内部凝聚力量、集合资源、提高效率、扩大效益。

（四）把握知识产权的衡平理念，实现社会服务

知识产权制度是一种公共利益的调节机制，无论专利权、商标权还是著作权，都只在一定限期内受到法律保护，法定期限届满，其保护的对象就成为社会公共的知识，使知识源于社会，又回归社会。此外，知识产权制度还是一种社会资源的优化配置机制，即规定权利人必须将受到知识产权保护的信息向全社会公开，以保证他人了解已有的创新，从而为他人在该技术基础上做进一步的开发、创新提供了基础，并避免对同一技术进行重复开发，以此节约社会资源，促进技术创新资源的科学利用、合理配置。因而，知识产权的衡平机制与社会和谐发展、科学发展、可持续协调发展的基本理念是不谋而合的。

当今高等学校履行着教学、科研、服务社会三大功能。随着知识经济的发展，高校依托其技术创新、人才培养等综合优势，成为我国知识产权的重要产生地和辐射源。高校技术成果的转移成为当代高校必须关注的重大课题，高校科技成果向现实生产力的转化，不仅是高校走向社会中心的必然选择，[31]也是高校拓展服务社会功能的必然要求。加强技术转移，促进教育、科技与经济的水乳交融，实现教、科、经一体化，已成为知识经济时代高等学校社会服务功能的新内涵，应用知识并将其转化为技术与产品直接参与社会财富的创造，这既是知识经济时代的需要、社会的需要、也是高校自身发展的需要。[32]所以，高校技术转移已成为是高校实现社会服务功能、促进社会经济发展的重要手段。

但在现实中，我国高校技术成果能够完成签约的不到30%，真正实现产业化

的技术转移率则普遍不超过10%，[33]这不仅造成了国家、社会资源的巨大浪费，也极大地削弱了高校服务社会的本质功能，同中央政府大力提倡的科学发展及和谐理念更是背道而驰。因此，高校技术转移应当从实现服务社会功能的高度，充分领会知识产权的内在平衡理念，花大力气对技术转移体系进行脱胎换骨、移风易俗的变革和创新。

五、结语

知识产权是市场经济的产物，其产生伊始，就是市场经济的一个环节。市场主体获取、运用、保护知识产权，都是为了获得更大的市场利益和经济回报。只有从市场关系和注重运用的角度来看待知识产权的保护，才有可能使我们真正回归“知识产权是私权”的命题。2008 年 6 月公布的《国家知识产权战略纲要》，提出创造、运用、保护、管理的八字方针，把“运用”放在第二位，体现了这一市场经济的导向。它表明国家知识产权战略的宗旨，是为了让知识产权所覆盖的作品、专利技术、商标和商业秘密，转化成为企业在市场上的竞争力，转化为国家的核心竞争力，促进我国经济社会的长足发展。[34]高校应当领会这一基本理念，将技术转移切实调整到“运用”的轨道上来。

高校技术转移能否成功，与知识产权策略的影响密不可分。知识产权策略的主要任务，就是要借助知识产权制度本身的设计和调整来提高经济效率、增进社会福祉。因此，高校技术转移的过程当中，要特别注重知识产权策略的原理和实践。

参考文献

[1] 中国校友会网大学评价课题组.2009 中国两院院士调查报告［EB/OL］.［2009－12－07］. http：//cuaa.net/cur/2009ysdc.

[2] 陈至立.认真学习贯彻党的十七大精神以提高质量为核心，加快从高等教育大国向高等教育强国迈进的步伐［N］.中国教育报，2007－12－28（1）.

[3] 教育部科学技术司.2008 年高等学校科技统计资料汇编［M］.北京：高等教育出版社，2008：88－98.

[4] 李健.国家知识产权局课题调查显示：77.2%的高校专利没有产业化［N］.中国青年报，2005－06－20（7）.

[5] 张克让.技术转移的特征、模式及基础要素浅析［J］.科技导报，2002（1）：27－30.

[6] 马克思恩格斯全集：3 卷［M］.北京：人民出版社，1956：72.

[7] 新华社.李克强在慕尼黑会见德国巴伐利亚州州长泽霍费尔［EB/OL］.［2011－01－09］. http：//www.gov.cn/ldhd/2011－01/09/content_1780829.htm.

[8] 刘春田.知识产权制度是创造者获取经济独立的权利宪章［J］.知识产权，2010（6）：18－22.

[9] 刘春田.中国知识产权二十年［M］.北京：专利文献出版社，1998：12.

[10] 茅于轼.保护知识产权的不平等性质［N］.经济观察报，2007－04－21（7）.

[11] ADAM B. JAFFE , JOSH LERNER. Privatizing Public R&D: Patent Policy and the Commercialization of National Laboratory Technologies [J/OL] . [1994 - 04 - 05] . http: //www. people. hbs. edu/jlerner/W7064. pdf.
[12] Innovation's Golden Goose [J/OL] . [2002 - 12 - 12] . http: //www. economist. com/node/1476653.
[13] Patent and Trademark Laws Amendment of 1980, Pub. L. No. 96 - 517, 94 Stat. 3015 (1980).
[14] David C. Mowery etc. The Growth of Patenting and Licensing By U. S. Universities: An Assessment of the Effects of the Bayh-Dole Act of 1980 [J] . Research Policy, 2001 (30): 99 - 119.
[15] [16] 侯远志，等 . 对技术成果商品化与资本化的几点认识 [J] . 科学技术与辩证法，2001 (4): 78 - 80.
[17] 杨雄文 . 知识产权评估基础理论解析 [J] . 知识产权，2010 (1): 24 - 30.
[18] E. 博登海默 . 法理学——法律哲学与法律方法 [M] . 邓正来，译 . 北京：中国政法大学出版社，2004: 318.
[19] 郑玉波 . 民法总则 [M] . 北京：中国政法大学出版社，2003: 218 - 219.
[20] 丁南，等 . 民商法交易安全论 [J] . 深圳大学学报：人文社会科学版，2003 (6): 64 - 69.
[21] 王太平 . 知识产权法法律原则理论基础与具体构造 [M] . 北京：法律出版社，2004: 246.
[22] 马克思恩格斯全集：1 卷 [M] . 北京：人民出版社，1978: 179.
[23] 冯晓青 . 知识产权法利益平衡原理论纲 [J] . 河南省政法管理干部学院学报，2004 (5): 9 - 17.
[24] 冯晓青 . 知识产权法利益平衡理论 [M] . 北京：中国政法大学出版社，2006: 124.
[25] 梁树发 . "科学技术是第一生产力" 与科技决定论辨析 [J] . 思想理论教育导刊，2003 (3): 40 - 43.
[26] 马克思恩格斯全集：23 卷 [M] . 北京：人民出版社，1978: 664.
[27] 刘春田 . 中国知识产权二十年 [M] . 北京：专利文献出版社，1998: 2.
[28] 徐晓敏 . 知识产权战略：浙大走向一流强校的 "一着棋" [EB/OL] . [2008 - 03] . http: //www. zdxb. zju. edu. cn/article/show _ article _ one. php? article _ id=6472.
[29] 肖尤丹，等 . 我国大学知识产权政策困境及其完善 [J] . 科学学研究，2010 (7): 995 - 1000.
[30] 吴汉东，等 . 知识产权基本问题研究 [M] . 北京：中国人民大学出版社，2005: 39.
[31] 程勉中 . 高校科技成果转化的系统失效与机制创新 [J] . 科技管理研究，2006 (10): 129 - 131.
[32] 王建平，等 . 高校科研成果专利保护与市场转化 [J] . 求索，2006 (12): 127 - 129.
[33] 舒晴 . 我国高校专利转化率不超过 10% [N] . 中国改革报，2007 - 02 - 02 (2) .
[34] 李明德 . 转移国家知识产权战略重心 [EB/OL] . [2011 - 04 - 28] . http: //www. jcrb. com/zhuanti/shzt/fzxy/lmd.

科技成果转化中的国际职业化模式

——以中科院上海生命科学研究院知识产权与技术转移中心为例

邸晓燕　赵　捷　张杰军*

上海生科院知识产权与技术转移中心（以下简称“知产中心”），前身是“知识产权与产业化中心”，成立于2002年5月，由于体制机制问题，前三年重点培养的人才全部流失。2007年4月正式成立了目前的知识产权与技术转移中心，从美国聘任一位有丰富国际经验的技术转移专家为领头人，创新管理，建立全新的体制与机制，培养一支新的专业化团队，建立了与国际接轨的职业化运作模式。结合中国国情，采用专业化方式为科技成果转化提供服务。在知产中心的管理下，一方面，上海生命科学研究院专利量、质齐升，促进大量科研成果向现实生产力的转化；另一方面，科研机构科技成果转化收入显著增长，反哺了科学研究活动。2010年，技术许可合同金额达到4.38亿元，同比增长754%。

一、上海生科院知产中心运行模式与特征

（一）拥有高端复合型人才团队

知产中心是一个职业化的技术转移办公室，其成功的首要因素就是具有一支职业化的高端复合型人才队伍。知产中心从国外引进带头人，并利用具有市场竞争力的管理体制吸引和培养了一支高端复合型人才团队。团队中有1名中心主任和7名项目经理，8人全部拥有硕士以上学位，其中6人拥有生命科学领域的博士学位或博士后工作经验，2人具有专利代理人资格，1人具有律师执业资格。这些人员大多具有国外学习和工作的经验，具有开阔的国际视野。职业化、专业化、商业化本文指同一个意思，指国际OTT运作的核心特征，实现专业化有这样几个条件：由专业性、复合型高端人才开展技术转移工作，机制灵活、财务独立，按照市场化运作，最大限度提升专利的价值，并成功将其推向市场。

---

* 邸晓燕：北京化工大学文法学院教师。赵捷：中国科学技术发展战略研究院研究员。张杰军：科学技术部政策法规司副研究员。本文是科技部政策法规司委托课题“促进科研机构转化科技成果激励政策研究”的阶段性成果，曾发表于《科学管理研究》2011年第6期。

（二）采取不同于事业单位管理的商业化运作模式

知产中心主任由上海生科院任命，但其内部在人事制度、工资制度、财务制度等方面，都独立于上海生科院，采取企业化的运作方式。工资可由中心主任根据员工对科技成果转化的贡献确定，奖励上不封顶；人事聘用由中心主任决定。商业化的运作体制，保证了运转的灵活性和人才激励的有效性。

（三）以专业化的工作流程统筹管理科技成果资源

上海生命科学研究院是我国生命科学领域规模最大、综合实力最强的科研机构。知产中心统筹管理除了药物研究所之外的其他 7 个研究所的科技成果转化。

OTT 模式在美国运作具有多年的历史，形成了较为规范的工作流程，这一流程为产业界与学术界提供了非常好的合作机会。上海生科院 OTT 的工作流程与国际接轨，采用专业化职业化的模式，加强了产业界与学术界的联系（图 2－1）。

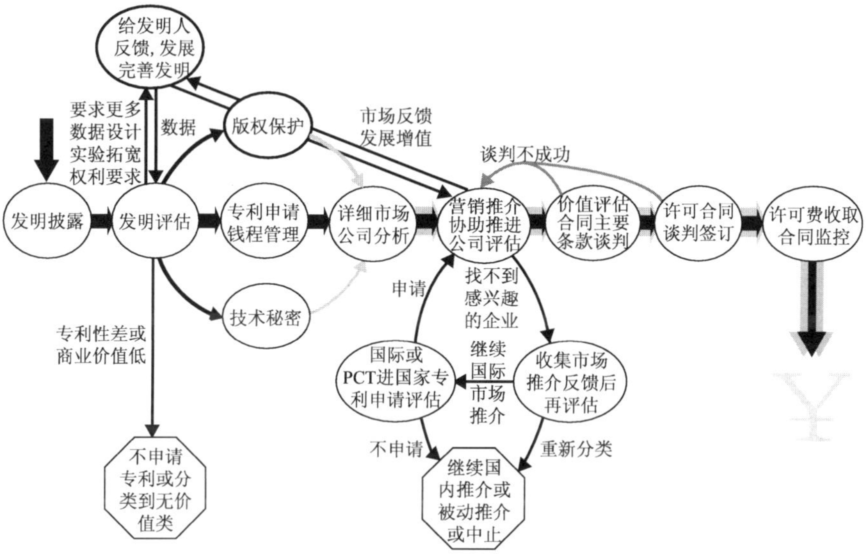

图 2－1 上海生科院知识产权与技术转移中心的工作流程图

（四）有效链接了发明与转化环节，提高了科技成果的价值

知产中心从专利申请之前就介入，评估发明的专利性和商业价值，协助专利申请，直到获得高质量专利，推向市场，实现专利的许可转让。知产中心能够在两个环节提升科技成果的价值：专利申请环节和推向市场环节。发明人披露发明后，知产中心进行评估和市场分析，协助发明人拓宽专利的权利要求范围，提高专利的质量。获取专利后，知产中心进行专业化的市场营销和商业谈判，代理后续的全部交易行为，节约了交易成本，提高了转让收益，做到了如斯坦福大学的名言所述“永远不要让教授坐在谈判桌前”。

(五) 具有稳定的资金来源，收益分配形成了一定规范

资金来源方面，知产中心主要为上海生科院服务，每年从上海生科院获得一定数量的运转经费，再加上转让收益的提取。转让收入一般按照10%提成。10%的比例借鉴了国际水平，比美国一些大学还要低些。从项目转化中取得的收益，一部分补充运转经费，另一部分作为奖励，留住人才。奖励分为集体部分和个人部分，鼓励合作互助和发挥个人积极性；奖励上不封顶，并且后期到位的收入按转化时的贡献分配；采取企业化运作的体制，保证了运转的灵活性和人才激励的有效性。

目前，上海生科院的科技成果转让收入中，50%奖励给发明人，10%分配给知产中心，其余部分在上海生科院和下属研究所之间进行分配；股权部分，先由上海生科院持有，没有落实到个人，即个人不持股，只在产生收益后再奖励到个人。

(六) 重视专利申请与转让的国际化

知产中心的专利申请与转化具有国际视野，这是因为通常专利在国外市场的价值要远远大于在国内市场的价值，例如中国医药市场仅占全球医药市场的3%左右，所以如果只申请中国专利，那就把我国技术发明的大部分商业价值丢掉了。在申请专利时，知产中心不仅申请中国的专利，而且申请国际主要市场的专利，再将在国外市场的专利许可给国外公司。把国外专利转给国外公司，通过国外市场赢利，然后把许可费和销售额提成等利益返回到国内。

二、我国技术转移机构面临的一些问题

技术转移办公室并不是新的概念，我国早就开始做了。我国很多大学都建立了技术转移办公室，被评为示范机构的也有几十家。至2009年底，国家技术转移示范机构就有134家，其中依托大学设立的技术转移中心就有35家。❶ 但是，转化科技成果的效果并不佳。主要原因有以下几点。

(一) 没有建立真正职业化的技术转移机构

我国大学和研究机构对技术转移工作并没有给予足够的重视。有些建立了技术转移办公室，但仍然采取旧模式，大多是科研单位的附属部门，指派两三个工作人员管理，往往只起到了汇集专利信息的作用，不能提供高水平的增值和转化服务。

(二) 满足职业化需要的高端复合型人才匮乏

专利管理和技术成果的转移是极其复杂的商业行为，需要复合型的专业人才，既要有专利所在领域的专业知识，又要懂法律、商业，才能较好地完成专利的鉴别、培养、保护和转化一系列商业活动。

与国外相比，我国能够满足技术转移需求的人才稀缺，大量专利申请和转让仍

❶ 参见：科技部发展计划司和中国技术市场管理促进中心2010年编制的《全国技术市场统计年度报告》。

由少数行政人员担任。例如，美国康乃尔大学每年有约300件发明披露，其中经过评估有一半左右会申请专利，即有约150件专利申请，康乃尔大学的技术转移中心有30多人负责专利申请和许可转让转化工作，其中约20人左右是复合型的专业人才。北京大学每年有约300件专利申请，但仅有2位行政人员分别负责专利申请和许可转让工作。

目前，专业技术转移人才的重要性还没有得到充分认识。我国在这类人才的引进、培养、储备、待遇和尊重机制等方面还非常薄弱。“百人计划”、“长江学者”、“杰出青年基金”、“千人计划”等人才计划在引进和培养高端科研人才方面发挥了显著作用，但并未涉及技术转移人才的引进和培养。技术转移人才在全国范围是稀缺资源。

（三）发明与转化环节分离，行政式管理增加了转化难度

大多数发明在初始披露时能要求的权利范围过窄，商业价值不大，要提高转化的概率，需要在发明披露时、申请专利之前就由专业的转化人员做大量工作，由发明人员与转化人员共同培育。因此，科技发明专利产生与科技成果转化两个环节结合得越早越好。我国往往是等到成果获得专利之后，再着手进行转化。申请时得到的专利质量不高，转化起来自然很困难。在科研机构内部，科技成果的发明与转化隶属不同部门管理，通常专利申请由科研处管理，成果转化则由另外一个部门如开发处或产业处管理。这种远离市场的分隔式管理，增加了转化的难度。

在发达国家，从专利申请之前，技术转移部门就已经介入。例如，美国大学的专利申请要经过几个步骤，首先，教师定期向学校的技术转移部门披露有关技术发明，而后由技术转移部门判断这些技术是否能申请专利，或需继续进行深入的工作后再申请专利，或不值得往申请专利方面努力等。❶ 在美国的大学，专利的申请数量并不多，例如斯坦福大学和加州大学大约50%的披露能够直接申请专利，每年的专利申请只有300件左右。❷ 这样做的结果是专利质量高，转化率高。

（四）缺乏稳定的资金投入机制

目前，法律并未明确规定技术成果转让收益的具体分享比例，技术转移中心分享的部分也没有形成一定规范。因此，技术转移中心大多是科研单位的附属部门，跟科研人员或行政人员并无区别，人事与财务均不独立，并没有形成职业化所需的稳定资金来源。

此外，对专利权人的认识不清晰，对技术转移中心利益的理顺也存在一定阻碍。职务发明的所有权是单位的，而不是发明人的。但是科研人员通常认为发明成果是自己的，是个人的，不愿意技术转移机构的介入。正是由于大多数技术转移中

❶❷ 郑永平，等．美国高校技术转移工作的成功经验及其对我国高校的启示［J］．科技进步与对策，2004（7）．

心运作效果不理想，并未给科研单位和发明者带来价值增值，所以发明者不愿意技术转移机构来运作。

三、几点启示和建议

（一）借鉴知产中心的有益经验，完善我国技术转移机构

发达国家中技术转移机构经过几十年的摸索和发展，最终走的都是专业化之路。因此无论是从科技成果转化工作的本质和规律来看，还是从发达国家中科技成果转化的发展历程来看，都证明了专业化运作是促进科技成果转化的有效模式和必然结果。

专业化 OTT 有规模经济效应。专业化运作科技成果转化虽然是必要的，但专业化团队成本很高，从长远看转化收益必须要大于成本支出，因此并非每个科研单位都合适去建立自己的专业化 OTT，不能一刀切。国外常见的技术转移运作模式有以下几种：发明量大的单位，其转化收益通常可以支持一个专业化的团队运作，一般建立自己独立的中（或大）型 OTT，国外著名大学和大研究所基本是这个模式。发明量小的单位，无法支撑一个专业化的团队运作，否则会入不敷出，违背经济规律，可以几家单位联合成立一个联合 OTT，如密歇根理工大学与其周边 4 所大学共同成立了一个联合的 OTT；或者采取外包委托服务模式，如斯坦福大学技术转移中心另成立了一个公司叫做 Stanford OTL LLC，为其他单位做委托服务；或者采用集中大 OTT 模式，德国的马普研究院，其 78 个研究所共用一个 OTT。

可根据自身情况采取不同模式：发明量大的单位，其转化收益通常可以支持一个专业化的团队运作，可建立独立的技术转移办公室，发明量小的单位，无法支撑一个专业化的团队运作，可以几家单位联合成立一个技术转移办公室，或者外包，委托给其他技术转移办公室运作。

（二）加强专业的技术转移人才引进和培养

建立专业化的技术转移机构，首要的是适合需要的复合型专业人才。由于知识产权管理和技术转移复合型专业人才培养周期很长，国际上这类人才比科研人才更加稀缺，造成国际市场对这类人才竞争激烈、待遇优厚，例如在美国和德国，这类复合型人才的平均收入是教授平均收入的两倍。在很多美国大学里，如康乃尔大学、洛克菲勒大学、哥伦比亚大学等，OTT 主任都有大学副校长的头衔，并且这个大学副校长只管理 OTT 一个办公室，不管其他事务，美国大学对这类人才的重视和尊重程度由此可见一斑。

上海生科院知产中心成功的关键就是从海外引进了这样的人才，并在其带领下培育了一支优秀的团队。建议在原有的高层次人才引进计划、创新人才推进计划中开辟专门的渠道，或制定针对性的人才引进和培养计划，吸引技术转移方面的优秀人才。

（三）鼓励科研机构对技术转移活动进行稳定投资

建立专业化技术转移办公室是一个长期投资的决策，培养团队和培育专利都需要时间，一般至少要有 3～5 年的投入才能看到初步成效。科研机构应有稳定的运行经费支持。美国在 1980 年通过的《联邦技术转移法》就规定了用于技术转移活动的专项预算，要求运转经费超过 2 000 万美元的联邦研究机构，应将不低于该机构研究开发总额预算的 0.5%用于技术转移。政府应制定政策，明确规定科研机构将转移收入的一定比例用于技术转移活动。

（四）对优秀的技术转移机构给予奖励，发挥其示范带动作用

政府可以选择一些运转较好的、带有一定公益性的技术转移机构，给予财政奖励性支持。很多亚洲国家和地区也已采取行动，日本、韩国、中国台湾地区等均出台政策支持专业化运作科技成果转化，例如韩国政府就资助国内 18 所最好的大学建立完全商业化的专业化 OTT，中国台湾地区“行政院”也对台湾大学的专业化 OTT 运作提供财政资助。

中美高校科技成果转化收益分配比较研究

范晓波　乔新亮*

高等学校是科技成果的重要产出地，这些成果的成功转化会对促进社会经济发展和技术进步起到巨大的推动作用。科技成果转化是一项复杂而艰巨的任务。由于存在着相关制度缺失、技术不成熟、转化资金、人才缺乏等多方面原因，成果转化率低是我国高校当前普遍存在的问题。成果转化收益分配机制缺失是阻碍成果顺利转化的根本原因之一。只有通过完善收益分配机制，才能有效转变现行成果转化模式，激发科研人员的研发和转化积极性，合理配置资源，提高转化效率。

一、我国高校科技成果转化的收益分配状况

高校科技成果转化收益是指高校将其拥有的职务科技成果通过转让、投资入股等方式进行转化所获取的一切收益，包括转让费、许可费、利润分成（或收入提成）、股权收益及其他与成果转化相关的权益。收益分配是指职务科技成果转化所获取的利益在高校与成果完成人之间按一定比例进行分配。我国《合同法》《专利法》《专利法实施细则》《促进科技成果转化法》《关于促进科技成果转化的若干规定》等法律法规、部门规章都对科技成果转化的收益分配进行了规定，明确了职务技术成果实施后，根据其推广应用的范围和取得的经济效益，成果完成人应当获得相应的奖励或报酬。我国有部分高校以上述规定为依据，制定了学校的促进成果转化的规则，将其科技成果转化收益在成果完成人与学校之间进行分配。例如中国农业大学《关于促进科技成果转化的暂行规定》确立了如下收益分配方式：科技成果转让的纯收入，上缴学校15%，学院15%，成果完成人（项目组）70%（30%用于科学研究，40%可提取现金）；科技成果入股，成果完成人（项目组）可部分持有作价股份，其比例视项目情况具体商定。然而，我国多数高校却普遍运行着一套不区分成果转化收益的科研经费分配和使用机制。其所制定的《科研经费分配和使用管理办法》，是学校科研人员承担各类纵向、横向科技项目研究开发，从事职务

---

* 范晓波：北京化工大学文法学院副教授。乔新亮：北京化工大学法学硕士。本文受北京市哲学社会科学重点规划项目支持，曾发表于《电子知识产权》2011年第5期。

科技活动的经费收入分配和使用的依据。高校的科技成果转化多数通过学校与企业签订各类技术合同[1]完成，技术合同属横向科技项目。学校根据自身情况，在其科研经费分配使用管理办法中对于合同经费的分配比例作出规定。例如有的高校规定，学校提取合同额12.5%的管理费（其中学校6%，科技处2%，学院4.5%），课题组酬金限额25%，其余项目经费由项目负责人用于项目支出。该分配比例统一适用于技术开发、技术转让、技术服务、技术咨询等四类合同，不作区分。下文将通过对技术开发合同、技术转让合同的比较分析，说明该合同经费分配办法并不符合成果转化法等所确立的收益分配原则，我国多数高校目前尚未建立科技成果转化收益分配机制。

对技术开发合同而言，由于作为合同标的的技术成果尚需经过研究开发方付出创造性活动才能取得，技术合同的经费将用以支持和保障该项创造性活动的顺利开展，研发必要的设备、人员等费用应从中支出。该经费显然不是收益。对该经费的分配不是收益分配。而技术转让合同是当事人就技术成果有偿让渡达成一致意见的协议，转让费或许可费是技术利用产生收益的直接体现。然而，我国高校当前所签订的技术合同中能明确反应收益的技术转让合同数量很少，多数为技术开发合同。

在我国的技术转让实践中，普遍存在一种认识，即所转让的技术必须是合同当事人一方已经掌握的技术方案。有待开发的技术以及正在开发的技术，其各种性能和技术指标尚未确定和稳定，无法运用于生产实践，不能作为技术转让的标的。如果与企业签订技术转让合同，则意味着高校所提供技术应当是成熟的，如果无法应用到生产实践，则可能承担相应的违约责任。而技术开发合同的标的能否取得，具有不确定性。合同履行过程中，因出现无法克服的技术困难，致使研究开发失败的，该风险责任一般由当事人合理分担。由于技术开发合同对于研发者风险相对较小，科研人员更倾向于选择此类合同形式。事实上，在大量的技术开发合同中，往往包含技术许可和转让的内容，即存在对学校已有技术成果的利用和再开发。也就是说，目前从合同名称上看，不能完全区分成果利用产生收益的那部分合同。根据高校经费管理办法，即便对于能够明确成果利用收益的技术转让合同，依然执行与开发合同相同的经费分配使用规则，同样有各种人员、材料等支出项目。可见，许多高校目前对科技成果的管理并不区分成果开发的支出和成果利用获取的收益。不明确区分收益，显然不可能存在对收益的分配。

与上述学校提取少量管理费，其余经费由课题组支配，并且不区分收益与支出的科研经费分配与使用方式相配套的是我国高校普遍实行的以科研人员为主导，学校为辅助的技术转化模式。主要的研发以及成果转化工作由科研人员承担。对科技

[1] 根据我国《合同法》的规定，技术合同具体包括技术开发合同、技术转让合同、技术服务合同、技术咨询合同。其中技术转让合同包括专利权转让、专利申请权转让、技术秘密转让、专利实施许可等四类合同。

成果是否取得相关知识产权，如是否申请专利等，由课题组或发明人决定，并自行负担维持费用。成果转化依赖于科研人员直接与企业联系、谈判。技术合同的签订与实际履行由科研人员主导，合同责任主要由科研人员承担。学校科技处等管理部门在技术转化中发挥作用有限，其通过参加技术博览会、推介会等方式进行技术推广，负责审查科研人员与企业订立的技术合同，对技术合同谈判进行咨询指导、对技术合同进行登记归档等工作。

二、美国高校专利转化的收益分配机制

美国高校的技术转化活动经过几十年的发展，积累了丰富的经验，已形成了行之有效的运行模式和收益分配机制，包括斯坦福大学在内一些高校的技术转化成效卓著。美国高校技术转化的经验和做法已为世界范围内许多高校研究和借鉴。本文选取美国高校所建立和运行的收益分配机制为研究对象，以期能有所借鉴。美国高校普遍重视技术成果的权利化，突出强调专利技术转化。专利技术转化一般通过两种途径，一是专利许可，一是成立衍生企业。在专利许可方面，各高校都规定了收益分配机制。例如，斯坦福大学技术许可办公室对于技术转化收入的分配政策是：总的许可收入减去其中15%作为技术许可办公室（OTL）的管理费用，再扣除专利申请费等直接支出的费用，其余则为净许可收入。净收入的1/3归发明人，1/3归发明人所在系部，1/3归发明人所在学院[1]。耶鲁大学专利政策规定，对于扣除各种费用之后的许可使用费，按照如下比例进行分配：10万美元以下的净收入，50%归发明人，50%归学校；10万美元至20万美元之间的部分，40%归发明人，60%归学校；超过20万美元的净收入部分，30%归发明人，70%归学校[2]。

各个高校技术转化收益的分配比例不尽相同，但其一致做法是：先扣除一定的专利转化的运营和支出费用后进行收益分配。技术许可产生的收益是明确的，不会与研发经费相混淆。学校明确将研究开发经费与许可使用费进行区分。因为学校许可企业利用其专利技术与企业资助学校研究完全不同。赞助研究的资金应当投入到研发中，不是作为收益的许可使用费，不能由发明人作为利润分享。而技术许可产生的收益则一定要在发明人与学校之间进行分配。发明人是创造的源泉，其所应取得的不是一次性奖励。只要其发明被利用并产生收益，发明人就会得到补偿。另外，学校作为技术成果权利人，将获得部分收益，上述斯坦福大学和耶鲁大学能获取33.3%、50%、60%等较高比例的收益，用以支持教学、科研，形成良性循环。在有多个发明人的情况下，收益分配将按照发明人之间的协议进行，如果没有协议，则平均分配。在此情形下，发明人所在的不同学院之间除非达成分配协议，否则也采取平均分配的方式。如果多项技术组合打包许可，各个发明通常被认为具有同等价值，除非许可办公室认为有必要分别确定各个发明的价值。发明人也可另行达成协议。

与上述收益分配机制相适应的是以大学专门的技术转化机构，如技术许可办公室（OTL）为主导的技术转化模式和运行机制，即由技术许可办公室负责开展一系列技术转化工作。具体来讲，技术许可办公室将发明人提交的技术发明记录在案，并交由一名专业的技术授权专员负责此项技术转化的全过程。授权专员经常与包括发明人、企业科学家、其他技术授权人员等广泛接触，决定学校是否要将此发明申请专利。与专利申请同步，授权专员进行市场开发，包括寻求对发明或技术感兴趣的公司（即潜在的被授权人和创业投资公司），分析销售市场，确定商业利益及最佳授权策略。授权专员与企业代表进行专利许可谈判，签订专利许可协议。当一项技术通过谈判成功转让后，授权专员负责保持企业与技术许可办公室的联系，及时获得反馈信息并向学校汇报。授权专员除监督协议的执行外，还负责确认每年在会计年度结束时，所有应收取的权利金都确实收取。技术许可办公室根据大学相关规则的规定，进行权利金的分配。

技术转化过程中最突出的特点就是技术许可办公室代表学校决定技术转化的方式，技术许可的对象，把握着技术转化的整个进程。授权专员完成协议的谈判、签署、执行，学校负责支付技术转化的费用并承担相应风险。考虑到发明人可能存在多重潜在角色，如大学研究者、许可使用费的收益者、公司顾问、公司董事会成员，由此会产生一些利益冲突，因此发明人通常不参与与潜在被许可人的许可协议的实际谈判。但授权专员会与发明人密切合作，因为在专利申请和技术营销过程中都需要发明人的投入和参与。授权专员会认真考虑发明人提出的对技术的专业评估、发明的市场可行性以及最有效许可其技术的建议，并且尽力在整个过程中让发明人了解相关的信息。这种以技术许可办公室为主导的技术转化模式体现出学校作为技术成果权利人在积极地行使权利，承担义务和责任，因此其当然享有成果利用产生的较高比例的收益。

三、我国高校应建立科技成果转化收益分配机制

由于我国许多高校缺失科技成果转化收益分配机制，在技术转化实践中，往往出现以下问题。

1. 成果完成人的正当利益不能得到有效保障。某项技术成果的原研发人员可能因调离、退休或原课题组解散等原因而无法获得成果的后续利用产生的收益。科研人员的研发及成果转化积极性就可能因没有得到合理的补偿和激励而消减，不利于进一步鼓励创新。

2. 导致学校无形资产的流失。一些科研人员出于担心自己的合法利益得不到保障等原因，保留自己研发的技术，不经过学校，私下转让给企业。一些开发合同的研究基础是学校拥有权利的技术成果，对这部分成果利用产生的收益没有被分离，而与开发费用混同起来，或者根本就被忽略了，成果的价值没有得到体现，学

校未取得应有的收益。而对于技术转让和技术入股取得的收益，学校只收取与研究开发同样比例的管理费，无疑也是放弃了学校本应获得的利益。

3. 由于高校没有建立成果收益分配机制，成果最初完成人与后续改进者和实施者的利益无法明确，高校内部不同院系、部门、科研人员就成果利用问题的争议多有发生。虽说学校是技术成果的权利人，但学校却没有统筹技术成果利用的能力，不能决定成果的利用和收益的分配，导致学校无法解决此类校内科研人员在成果利用上的矛盾和争执。

上述种种问题的解决，依赖高校建立明确清晰的收益分配机制。然而该机制的建立需要相对完善的法律制度作为根据，并以优化的技术转化模式和运行机制相配合。

（一）完善相关法律法规

国家相关法律法规对于发明人就成果转化收益分配的规定作为高校建立成果转化收益分配机制的法律依据，应当明确、统一。然而当前的相关法律在对转化收益的界定，取得收益的主体、收益计算的基数以及分配比例等方面规定都不一致。例如《专利法》与《专利法实施细则》将转化收益界定为报酬，获得报酬的主体是发明人，发明人应当从收取的许可使用费中提取不低于10%作为报酬或从实施该项发明专利的营业利润中每年提取不低于2%作为报酬。而《科技成果转化法》及《关于促进科技成果转化的若干规定》将收益界定为一种奖励，获得奖励的主体包括职务科技成果完成人以及其他为成果转化做出重要贡献的人。奖励的比例是，以技术转让方式将职务科研成果提供给他人实施的，应当从技术转让所取得的净收入中提取不低于20%的比例用于一次性奖励；自行实施转化或与他人合作实施转化的，科研机构或高等学校应在项目成功投产后，连续在3～5年内，从实施该科技成果的年净收入中提取不低于5%的比例用于奖励，或者参照此比例，给予一次性奖励；采用股份形式的企业实施转化的，也可以用不低于科技成果入股时作价金额20%的股份给予奖励，该持股人依据其所持股份分享收益。在科技开发和成果转让中作出主要贡献的人员，所得奖励份额应不低于奖励总额的50%。上述法律规定的不一致，导致高校建立收益分配机制的依据具有不确定性。在专利发明人与所在高校就专利转化收益发生纠纷的情况下，应以哪个法律法规作为裁判的依据也必然成为一个难题。因此，应通过相关法律的修订统一对于收益分配的规范。

（二）转变以科研人员为主导的技术转化模式

科技成果转化收益分配机制的建立必须以适合的技术转化模式为条件。不转变技术转化模式，新的收益分配规则即便确立也无法有效运行。我国多数高校所实行的以科研人员为主导的技术转化模式存在以下弊端：（1）技术转化过程中，技术研究与服务之外的工作量往往很大，牵制了科研人员的科研精力，妨碍了科研工作的有效开展。(2) 科研人员商务谈判经验不丰富，缺乏市场运作专业知识或能力，可能会与技术需求方在合同价款、知识产权归属问题上做出双方利益严重失衡的约定。(3) 科研人员往往与技术需求方企业有利益牵涉，该因素可能导致技术转化中学校权益受损害。如果高校能够主导技术转化，建立与现有技术推广工作不同的深度技术转化的模式，则可克服上述弊端。学校应设立专门技术转化部门，配备一批在不同的技术领域有专长、懂法律、有商务经验的专门的技术转化人员。要求技术转化人员对某个特定的项目实行专人负责，从对该项技术许可对象的寻找、目标确定后的技术转化谈判、合同条款拟定、到技术合同履行监督、许可或转让费的收取等，由技术转化人员全程负责。技术发明人在技术转化过程中，主要在技术方面负责配合技术转化人员的工作，其不需要就商务问题、法律问题、管理问题与企业交涉，这样就可以保证科研人员将主要精力用在技术研究方面。由于技术转化人员在技术交易方面具有的专业技能，可以在合同价款等条款约定上充分保障学校的利益，技术转化部门统一发放授权，对同一技术成果的被许可人、许可时间、地域可统筹考虑，不会发生不同科研人员或课题组对同一技术成果对外许可，发生争执的情况。学校通过主导技术转化，在增强统筹技术成果利用能力的同时，会扩大技术转化的范围，提高技术转化率，同时有理由按照较高的分配比例获取收益，以促进学校的教学科研活动。

(三) 建立科技成果转化收益分配机制

1. 明确成果转化的收益

高校建立收益分配机制，首先应当明确科技成果利用产生的收益。应当将技术转让与技术开发进行区分，明确区分技术研发投入与收益。对于技术转让合同，其合同额应当是学校已有成果的转让费或许可费，属于收益。本文认为，技术转让合同的标的不应仅局限于成熟的，可应用于生产实践的技术成果，对于有待进一步开发的实验室技术，也可以进行许可和转让，因为具备研发能力的企业有可能接手该技术，继续进行中试和产业化。以美国高校为例，其许可企业使用的技术绝大多数都是没有经过中试的有待继续开发的技术成果。也就是说，技术转让的标的可以是小试技术、中试技术或已完全成熟的产业化技术。如果企业意图取得高校某项技术的使用权或所有权，就应当明确该部分权利转让的收益。对于技术开发合同，如果并不是在学校已有技术成果基础上进行的开发，则该合同额中不存在成果转化的收益。但如果开发合同要求的是在学校已有技术成果的基础上进一步开发，则意味着企业需要先取得对学校已有技术成果的使用权或所有权，随即再支付研究经费委托高校科研人员利用该成果继续开发，以适应生产实践需要。此类合同虽名为技术开发合同，其实质已包括技术转让与技术开发两方面内容，应当分别明确区分相应的合同额。技术转让部分的合同额为学校的收益，技术开发部分的合同额则为企业支付的后续研发需支出的经费。

2. 确定收益分配比例

在明确收益的前提之下，对于收益部分，在扣除学校技术转化部门一定的管理费用之后，要在学校、学院或部门、科研人员之间按一定比例合理分配。分配比例，各学校可以根据自身情况分别制定。该比例应当能够切实保障成果完成人以及学校的利益，并符合相关法律的规定。由于项目研究与技术本身的复杂性，往往会有多人参与研究，这就需要在研发成果产生时，及时向技术转化部门登记，明确科研人员及其对成果做出贡献的程度，以便对其进行合理的收益分配。科研人员所取得的不应只是一次研究项目经费中的劳务补偿，也不是一次性奖励。只要某项科技成果被利用，产生了收益，即便某科研人员离开课题组或退休、离职，其应照常获得利用该成果的相应收益。对学校拥有知识产权的技术成果，校内其他科研人员经学校同意并登记，可为研究目的免费利用该成果。但是利用该成果与企业签订开发合同，进行后续商业研究开发，必须向学校专利转化部门申报，并向学校交付技术许可使用费。该部分收益由学校及成果完成人按一定比例分享。这样，校内各部门就成果转化产生的争议才可能避免，也可以在一定程度上解决科研人员不愿他人实施自己所研发的技术的问题。这种制度安排使学校和科研人员取得合理的回报，促进发明的实施，也激励发明人做出真正有价值的发明创造。

参考文献

[1] Inventions, Patents and Licensing (RPH 5.1) [EB/OL]. http://rph.stanford.edu/5-1.html.

[2] Yale University Patent Policy [EB/OL]. http://yale.edu/ocr/pfg/policies/patents.html.

专利质押价值评估研究

李琼芳 金燕华*

一、专利质押融资背景下催生出的专利资产评估

专利质押融资作为一种无形资产的融资方式在我国是近年来的新产物。1995年颁布的《担保法》第79条规定，可以用专利权中的财产权出质担保。2003年8月，经北京市知识产权局审核，由北京首创投资担保有限责任公司担保，北京科净源环宇科技发展有限公司以专利权作为抵押物，从北京市商业银行官园支行获得100万元的贷款，成为北京市首家用专利质押融资的企业。2005年底，湖南湘潭市商业银行发放1 600万元的专利质押贷款。2006年11月，交通银行北京市分行将专利质押贷款作为该行的一项金融品种，正式推出“展业通”这一专门针对专利质押贷款的业务，到2007年10月，不到一年的时间内累计发放专利质押贷款近6 000万元。2007年2月，银监会发布的《关于商业银行改善和加强对高新技术企业金融服务的指导意见》规定，高新企业可以用股票、股权及知识产权等资产作为抵押物申请流动资金贷款。2008年6月，国务院发布的《国家知识产权战略纲要》中提到，要“引导企业采取知识产权转让、许可、质押等方式实现知识产权的市场价值”。2008年底，国家知识产权局确定了第一批知识产权质押融资试点单位。2009年9月底，第二批试点单位也正式启动，2010年7月，国家知识产权局批复成立了第三批知识产权质押融资试点单位，截至当时，全国一共有16个城市开展知识产权质押融资试点工作，24家商业银行和16家担保机构在国家知识产权局办理专利权质押登记，累计申请项目约1 400个，涉及质押金额约210亿元。自2007年以来，在不到3年的时间里，各类企业已通过知识产权质押获得贷款160亿元，为前11年总额的3.2倍。

从1995年《担保法》颁布至今，专利质押工作经历了三个历程，1995～2003年，在对知识产权质押贷款的尝试中，仅出现为数不多的几个案例；2003～2006

---

* 李琼芳：任职于北京市知识产权局，北京化工大学项目管理（知识产权管理方向）硕士。金燕华：北京化工大学教授。

年，专利质押融资经历了大胆探索，引起了各界的关注；2007 年至今，在国家知识产权战略的积极推动下以及受到国际金融危机的影响，银行开始与有关部门一起研究专利质押贷款业务，推出一些质押贷款产品，专利质押迅速发展，单笔专利质押所获得融资金额最高已达到 8 000 万元。值得一提的是，迄今为止，这些质押融资案例中未出现一笔不良贷款，充分证明融资后的专利经营获利的能力。根据国家知识产权局公布的数据显示，我国专利数量飞速增长，截至 2009 年底，我国累计授权专利 3 083 260 件，而在 2010 年，全年全国专利申请量达 122 万件，从我国专利拥有量和未来增长趋势来看，将来我国专利资产质押融资有着很大的空间。

在我国拥有巨大的专利质押融资潜在空间的同时，以专利资产担保的融资仍处在初期阶段，尽管金融机构对专利资产的经济价值有了越来越多的认识，但是专利资产担保质押获得银行贷款融资的能力仍然不如其他有形资产担保融资。原因之一是专利资产的技术性特点，使银行难以理解其潜在的价值，原因之二是专利资产在法律方面的特殊属性，使得对专利资产的评估存在着许多的风险。如何使专利资产的评估尽可能的准确，既可以使商业银行从保守中走出来，又尽可能规避用专利这种无形资产带来的风险，实现各方利益的最大化，是值得评估界倾心研究的一项重要课题。

资产评估在专利质押融资业务中可以起到以下作用：一是发现专利资产价值，为企业融资拓宽管道；二是衡量知识产权质押物价值到底有多少。专利权的评估价值是银行决定是否贷款及贷款数额的重要依据，过高或过低的评估价值对银、企双方各有不公。❶ 目前由于我国对专利资产价值评估刚刚处于起步阶段，还没有成系统、有实际操作标准的准则性文件来规范专利价值评估，对专利资产的评估主要是参考其他无形资产评估准则。同时由于专利资产的质押才刚刚兴起，评估机构对专利价值评估以保守操作为主，银行对专利质押的放款额度普遍都不到专利价值的 40%，各项专利质押贷款的记录表明还未出现一笔不良还款，这一现象增进了银行、评估和担保机构等对专利质押融资的信心，但同时也足以证明专利资产的巨大价值潜力还远远没有被准确地评价出来，对拥有专利的企业来说，制约了其专利资产的充分资本化，从而也影响了他们走向壮大。

二、质押融资背景下专利评估的特点：对各方利益诉求的平衡

所谓质押，是债务人或者第三人将其动产或者权利移交给债权人所有，将该财产作为债务的担保，当债务人不履行债务或者发生当事人约定的实现抵押权的情形时，债权人有权依法以该财产变价所得优先受偿。❷ 根据《物权法》和《担保法》

❶ 杨松堂．知识产权质押融资中的资产评估［J］．中国金融，2007（5）．

❷ 经济法［M］．北京：中国财政经济出版社：363.

的规定，可以作为权利质押的知识产权包括可以转让的专利权等知识产权中的财产权。专利权质押融资是专利权人将知识产权中的财产权移交给银行占有，将其作为融资的担保，当其不履行债务或者发生当事人约定的实现抵押权的情形时，债权人有权依法对该财产变现所得优先受偿。

专利质押融资中有着最直接利害关系的两个方面分别是商业银行和专利出质单位（或个人）。出质单位（或个人）用专利出质担保，向商业银行提出质押贷款申请，得到融资后进行扩大化生产或经营盈利；商业银行向出质人提供贷款，获得利息收益。在实践操作中，在银行和质押企业之间往往还有一个专业担保机构作为第三方担保，其作用在于向银行存入担保基金，为借款企业提供贷款担保，以降低银行资金回笼的风险，同时向出质人收取保费作为其担保收益，此外，各国普遍存在由政府或由民间组织出面推动知识产权质押融资的现象，这些政府或民间组织出资建立担保机构，或每年向这些担保机构补充担保资金，以推动担保业的发展。

从目前的实践来看，商业银行和专利质押单位之间的利益是倾斜的，主要原因是银行在尝试专利质押贷款的过程中无法把握对各种风险的控制能力，因而采用最保守的方式，以确保贷款资金及时的回笼，这种现状制约了融资规模的扩大。实际上，专利质押融资的当事人——银行、担保公司、企业对融资规模都有扩大的需求，这样既可以满足银行的利息收入增加，也可以扩大担保公司的经营规模，企业的融资需求也能得到满足。因此，专利质押融资的评估要充分考虑各方的利益。

三、专利的特点对专利价值的影响

我国《专利法》规定，专利包括发明、实用新型、外观设计三种类型。同时，一项发明创造被授予专利权的基本条件是具备“专利三性”，即新颖性、创造性、实用性。在专利授权的程序上，要求发明专利需经过实质审查，实用新型和外观设计专利申请经初步审查没有发现驳回理由的，即授予专利。

从专利的有用性来看，有一些专利是重要的，有些是次要的，有些根本就无关紧要，因此，人们不应该指望它们以同样的方式，或给予它们同样的重视。[1] 作为价值评估对象的专利资产，它脱胎于专利权属性中的经济属性，之所以被称作专利资产，是因为它的技术本质拥有为其带来经济利益的可能性。而这种技术被授予专利权后，因“有专造或专售之权，他人不得冒制翻版或仿效，足使其在一般同业之中享有优越或独占之地位，从而其所获收益亦较之在寻常情形下所能获得之收益为多”[2] 专利资产作为一种由法律规定并授予特定权利的无形资产，除了具备无形资产的无形性、不确定性、效益性和长期性等共有特征以外，还具有专利性、垄断

[1] N. van Zeebroeck. The puzzle of patent value indicators. CEB Working Paper N° 07/023 April 2009.

[2] 杨汝梅．无形资产论［M］．施仁夫，译．北京：立信会计出版社，2009：93.

性、地域性和时间性等专利资产所特有的内涵。❶ 资产与其他人们比较熟悉的动产类型在很多方面存在重大差异，这影响了其作为担保物的吸引力。专利资产的存在，仅仅归因并且局限于法定框架下的标准。其存在性依赖于对法定要求的满足，而这些条件是否完全满足却可能随时被质疑。

1. 专利权的时间性

《专利法》规定，对各类专利的保护都是有一定时间限制的，而且时间届满后不能再续展。其中，对发明的保护期限是 20 年，对实用新型和外观设计的保护期限为 10 年，均自申请日算起。专利资产的经济价值仅体现于其保护期限内，过了保护期限，专利技术进入公有领域，任何人都可以使用该技术，专利也就失去了其经济价值。但是在保护期限内，专利的经济价值也会面临许多变量，一些替代技术的出现，使其创造的产品或方法比原专利技术创造的产品和/或方法更先进，这种技术的出现就可以使原专利的失去其经济价值。

2. 专利权的地域性

专利权只在其所申请国家受到保护。由于专利权的申请和维护是需要缴纳申请费和年费的，所申请的国别数量越多，费用就会越高，很多人因为对国际申请的费用望而生畏，只能有针对性地选择申请国，那么在没有申请登记的国家，该发明创造是不能获得专利权的保护的，从而也就不具备在该国的经济价值。同时，对“专利三性”的界定，各个国家法律的规定是存在一定差异的，这种法律的地域性决定了专利资产的地域性。❷

3. 专利权的独占性

专利权的独占性是专利权受法律保护的独占实施权限和独占销售权限。因为这种独占权，专利技术拥有者就拥有了对市场的控制和垄断权利，从而使专利权拥有了潜在的资产价值。

专利权在强制许可的条件下，其独占性受到影响，从而也可能影响专利资产的经济价值。专利法规定，有下列情形之一的，国务院专利行政部门可以依申请给予实施发明专利或者实用新型专利的强制许可：一是专利权人在规定期限（授权 3 年，或从申请日起 4 年）内无正当理由未实施或者未充分实施其专利的；二是专利权人行使专利权的行为被依法认定为垄断行为的；三是在国家出现紧急状态，或者为了公共利益的目的的情况下决定强制许可的；四是为公共健康目的对取得专利权药品的强制许可；五是对一项取发明或者实用新型的实施有赖于前一发明或者实用新型情况下对前一发明或实用新型强制许可实施的情形。

在强制许可情形下，虽然被许可方依然要缴纳专利许可费，但是这种许可费在

❶❷ 岳贤平．专利交易中专利资产评估研究［M］．北京：科学出版社，2009：27.

双方协商不成的情况下会由有关部门根据情况给予这种处理，这种情况下产生的许可费用可能低于专利权预期的价值。同时，在强制实施后专利权的使用范围可能会受到影响，比如有的专利的实施只能供应国内市场，有的专利只能为特定目的实施，这种情况下势必会影响到专利资产预期的经济价值。值得注意的是，专利强制许对专利经济价值的影响可能是消极的，也可能是积极的。通过减少交易成本，专利强制许可能够促进专利权人自愿许可，并促进专利技术的实施和专利产品的制造与流通。政府的强制许可决定固然有其强制力，专利权人不得不给予遵守和尊重，但是，通过强制许可传达了更为清晰的信息，就是市场上有对该专利产品的需求，并且消费者能够接受的价格也通过强制许可决定反映出来，使专利权人更为容易找到相应的市场消费群体，减少了相应的交易成本。[1]

4. 专利权的稳定性对专利价值的影响

由于专利制度的特殊性，影响了授权专利权利的稳定性。在专利授权的程序上，实用新型和外观设计专利只需经过初步审查符合各种形式上的要求就可授予专利，这就导致了许多使用新型和外观设计本属于现有技术而被授权的情形，此外，发明专利虽然需要经过初审和实审两道程序，但是在审查员检索时不可能做到穷尽现有技术的情形。《专利法》规定，如果认为某项专利权的授予不符合专利法有关规定，任何单位或者个人都可以请求专利复审委员会宣告专利权无效。权利无效后，其预期的经济价值也随之失去。

此外一项发明创造在以下几种情形下也会失去其效力，从而其资产经济价值也随之失去：（1）没按照规定缴纳年费，（2）专利权人书面声明放弃的情形。

另外，还有一些特殊因素，导致一些专利资产只有潜在价值，而无当前可实现的市场价值的情形。例如：一项专利可能会依赖于其所有者或特许使用者的技能来实现，但是由于许可转让等原因，致使权利拥有者是不具备这种技能的人的情形；或者一项专利是基于他人所有或控制的其他专利产品才能实现其效果的情形，如果仅拥有专利权，而不具备这种必须的技能或上游专利，那么本专利资产的市场价值就无法实现。

四、专利资产评估方法对融资专利的适用

1. 传统资产评估方法

资产评估方法，一般包括市场法、成本法和收益法。根据我国 1991 年颁布的《国有资产评估管理办法》规定：收益法是“根据被评估资产合理的预期获利能力和适当的折现率，计算出资产的现值，并以此评定重估价值。”成本法是“根据该资产在全新情况下的重置成本，减去按重置成本计算的已使用年限的累积折旧额，

[1] 刘强．交易成本与专利强制许可问题研究［J］．行政与法．

考虑资产功能变化、成新率等因素，评定重估价值；或者根据资产的使用期限，考虑资产功能变化等因素重新确定成新率，评定重估价值。”市场法是“参照相同或者类似资产的市场价格，评定重估价值。”

（1）收益现值法

收益现值法（简称“收益法”）是根据将利求本的思路，认为一个理智的投资者在投资或购置某项无形资产时，所愿意支付的货币数额不会高于他所购资产未来年份给他带来的收益额。采用本金化和折现的方法来判断资产价值的评估技术规程。[1] 利用收益法评估无形资产必须满足以下基本前提：（1）被评估无形资产的未来预期收益必须是可以预测并可用货币来衡量的；（2）收益期内，无形资产拥有者获得未来预期收益所承担的风险可以预测，并可用货币来衡量；（3）被评估无形资产预期获利年限可以预测。[2]

收益法的优点：（1）比较充分考虑了资产未来收益和资金的时间价值，能真实和准确地反映资产的本金化（资产价值）；（2）只要准确地掌握收益额、折现率和收益年限三项指标，计算过程较为简单，结果准确，而且能够与投资决策相结合，易为双方所接受；（3）比较全面反映企业资产的使用收益，符合国际惯例。[3]

收益法的缺点：（1）预期收益额预测难度较大，易受较强的主观判断和未来不可预见因素的影响；（2）不具有综合获利能力，没有连续性收益的资产，不能采用收益法进行评估，因此收益法在资产评估中的适用范围较小，一般适用于企业整体资产和可预测未来收益的单项资产评估。[4]

（2）现行市价法

资产评估的现行市价法（简称“市场法”）是指利用市场上同样或类似无形资产的交易数据和交易价格，通过对比、分析、调整等具体手段来估测被评估资产价值的评估方法总称。[5]

市场法的优点：（1）能够客观反映资产目前的市场情况，其评估的参数、指标直接从市场获得，评估值更能反映市场现实价格；（2）评估结果易于被各方面理解和接受。

市场法的缺点：（1）需要有公开活跃的市场作为基础，有时因缺少可对比数据难以应用；（2）不适用于专机器设备和大部分无形资产，以及受到地区、环境等严格限制的一些资产评估；（3）由于参照物与被评估资产之间的差异难以量化，一定程度上影响了评估结果的准确性。[6]

---

[1] 路君平．资产评估理论与案例分析［M］．北京：经济科学出版社，2008：17.
[2] 刘德运．无形资产评估［M］．北京：中国财政经济出版社，2010：99.
[3][4] 路君平．资产评估理论与案例分析［M］．北京：经济科学出版社，2008：21.
[5] 刘德运．无形资产评估［M］．北京：中国财政经济出版社，2010：109.
[6] 路君平．资产评估理论与案例分析［M］．北京：经济科学出版社，2008：42.

（3）重置成本法

资产评估的重置成本法（简称“成本法”）是指根据重建或重置的思路，利用重新取得全新资产的费用，扣除截止到评估基准日被评估资产发生的贬值因素而得到评估结论的各种评估技术方法的总称。[1]

成本法的优点：（1）比较充分地考虑了资产的实体性贬值、功能性贬值和经济型贬值等因素，评估结果公平合理；（2）有利于单项资产和特定用途资产的评估；（3）在不易计算资产未来收益或难以取得市场参照物的条件下可广泛应用，特别适用于没有预期收益的社会公益设施的评估；（4）有利于企业资产增值。

成本法的缺点：（1）采用成本法进行评估涉及的有关参数多，包括价格变动参数、规模经济效益指数、成新率等，工作量较大，计算过程复杂，而且要以历史资料为依据确定目前的价值，必须充分分析这种假设的可行性。（2）经济性贬值不易准确估算。[2]

2. 金字塔评估模式

对知识产权的评估既是一个定性的，也是一个定量的过程，然而，在具体决定使用哪种方法评估前，要站在第三方角度，用公司运营战略上分析知识产权的作用。[3] 用成本法、市场法、收益法对专利价值进行评估很可能都会碰到一些困难而导致无法进行。在用成本法评估的时候，经常会遇到专利所能创造的价值与其研究开发成本不成正比的情形；用市场法评估专利价值，可能经常遇到同一专利产品或者用专利方法创造出的产品无法在市场上找到可以与之比较或替代它的产品的情形；用收益法评估专利价值是根据专利在未来能够带来的收益来确定的，但是这种收益受到市场环境、法律、技术等因素的影响。因此，单独用某种方法来评价专利，只能放到专利价值评估整个流程中的某一个环节上。

针对无形资产评估的错综复杂，保罗·弗利纳（Paul Flignor）和戴维·奥兹科（David Orozco）提出金字塔评估理论。他们认为，在评估开始前不妨涉及一个含有多个层级的金字塔，把专利价值评估的各项任务按照一定的程序分别放置到不同的层级中，金字塔的第一层是基础层，包括评估的基本原理及专利权评估的关键假设；第二层是“专利权档”层，专利权的商品属性、法律属性和经济属性均将在这里确定；第三层是“方法论”层，具体量化和财务分析在这里进行并得出财务计算结果；顶层是“解决方案”层，专利权人对专利进行评估是为了解决某一个特定的问题，到了金字塔的最高层则强调评估分析是如何解决某一商务问题或针对某一

---

[1] 刘德运．无形资产评估［M］．北京：中国财政经济出版社，2010：112.

[2] 路君平．资产评估理论与案例分析［M］．北京：经济科学出版社，2008：33.

[3] David C. Drews. Intellectual Property Valuation Techniques. *Intellectual Property Issues*［EB/OL］．［2005－11－10］．www. ipmetrics. com.

具体商务问题给出建设性意见。[1] 通过这种分层次做法，有条不紊的将不同类型的问题放在不同层面解决，在充分估计各类风险的基础上仍要求在方法论层选择一种尽可能准确的评估方法，做到整个评估既清晰又准确。

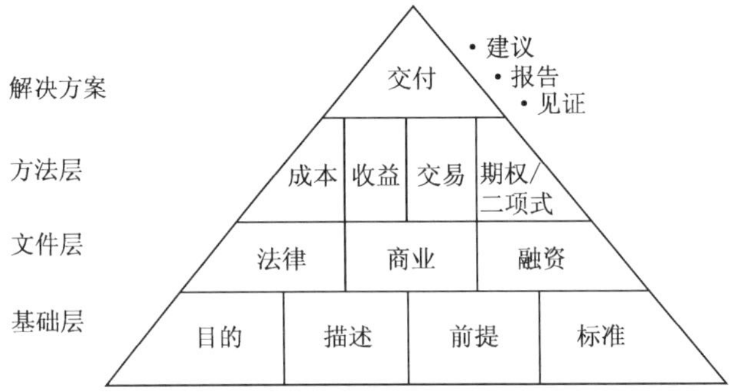

图 2－2　金字塔评估方法

专利权的价值评估不像一项简单的投资项目那样只涉及对成本和收益的计算，而是要通过对一系列动态因素进行综合。客观因素和主观因素都可能导致预想和实际结果间的天壤之别。对质押条件下的专利价值分析要把握好原则、原理和方法。在原则上要做到中立和公平，从银行和专利权人两个角度去分析。从银行的角度来看，由于对专利技术的市场地位、未来变化因素等不了解，因此需要把各类变量因素列出来让银行有一个直观的了解。从专利权人来看，他的需求是获得资金的支持，可能资金的不到位会使一项非常有价值的专利失去市场化的空间，由于一项专利的保护时间是有限的，其经济价值如果不在有限的时间内激发，就会随着时间的流逝而白白消耗掉，因此要充分准确地对其预期价值和可能产生的增值进行评估。在评估方法上要科学，将专业性强的专利评估做到尽量简单清楚，将量化指标融入到评估工作中，使其具备一定的精确性，不因评估人员的变化而产生评估效果的较大差异。

在运用金字塔理论做专利价值评估时，第一层仍然是考虑评估目标，描述、假设和标准，构成评估背景；在第二个层次提交专利的法律属性、技术属性、经济属性，以及专利在这些属性下可能面临的风险，由于这些属性和风险的多元性，造成目前没有一个公式化或精确系数估算的方法，可以参考前文提到的模拟评估法进行，以判断该专利的收益机会或限制可能，对质押物的评估方法选择根据被评估对象的具体类型、特点、评估目的、评估前提条件、评估原则及外部市场环境等具体情况，进行判断分析、合理选择。需要做到尽可能的全面，从而做到既不漏掉债权

[1] Paul Flignor，David Orozco. Intangible Asset & Intellectual Property Valuation：A Multidisciplinary Perspective ，June 2006.

人风险因素的预见，又能对专利权的增值因素加以考虑。值得一提的是，有些风险因素是带有“一票否决”性质的，比如专利面临法律诉讼的风险，如果一项专利遭到侵权诉讼或无效请求，这种情况下最好让专利质押融资的行为中止，什么时候风险解除，什么时候继续。而有些风险因素是可以相对的用系数法或模糊估算法去计算专利价值的损耗，比如专利权的时间因素。在第三层需要解决最基础的理解问题，即为什么要进行评价？质押实现的客观条件如何？标的是什么？运用何种运算方法评估？一般情况下，收益法是相对准确地计算方法，但是如果面临到用市场法可以很轻松地计算出结果的话，不妨采用此种方法。金字塔的顶层则是用一种最有效的语言将整个系统分析评价过程表达出来，呈现给委托人以解决质押贷款融资问题。

由于专利资产是一种潜在的资产，需要分析各种因素加以评估才能对其资产价值有一个量化的概念。在对拟质押专利进行评估时，最重要的环节是权衡银企双方的利益，在对专利制度充分了解的基础上从法律角度、技术角度、市场角度等多个角度全面分析专利的经济价值，充分估计到各项风险，再量化出估价数值。前文所提到的金字塔评估理论就是强调了以分析为基础，在把基础层工作做好后再往上一层进行，评估的基本原理、关键假设，专利权的商品属性、法律属性和经济属性分别放在第一层和第二层；然后才到“方法论”层，用具体量化的财务分析计算结果。

五、专利质押评估中的风险控制

专利质押融资风险主要是专利权人用专利进行质押融资后丧失偿债能力的风险。专利质押融资的还款来源是专利权人投资经营所得，当其投资经营所得无法偿还融资的本息时，银行对质押的专利权进行处置变现来偿还债务。这里面包含了两大风险：一个是专利权人获得融资后是否有足够的经营能力来偿还的风险，另一个是银行对专利权进行处置时，因为专利权的一些特别属性所带来的风险。具体来说，专利质押融资风险按内容来分可以分为以下几类风险。

1. 评估的风险

专利的价值评估本身存在风险。专利价值的评估直接关系到专利质押的设定及实现。因为专利客体的非物质性、专利产品生产的独特性、唯一性，使专利的价值只有通过评估才能得以确定。[1] 评估体系的准确性和适用性将对专利价值产生重大影响。而现有的市场法、收益法和成本法等评估方法对于专利资产而言存在着一定的局限性，专利权的独一无二性也使对其价值评估容易受到评估人主观判断的影响。此外，评估人在评估知识产权时，虽然企业会提供需要的数据，但是相对于企

[1] 刘伍堂．知识产权质押贷款评估事务［J］．中国发明与专利，2007（12）．

业自身来说还存在信息不对称，对企业的信息了解不全面，资产评估师不得求证企业自身对知识产权的评估价值❶，这也会直接影响知识产权价值。

2. 法律风险

由于专利具有非常强的法律属性，专利的法律风险对其价值也有很大的影响。通常法律会对专利的保护年限、保护范围、地域性等方面做出相应的规定。首先，法律对专利的保护年限是在专利价值评估时估算折现年限和现金流的重要参考依据；其次，对于专利资产技术细节的保护范围是根据专利申请时说明书和权利要求书所定；法律的地域性规定使得专利在超出所登记国（或地区）的范围内是不能获得保护的，因而在超出登记国范围就没有经济价值。

专利的法律风险还表现围绕专利关系所产生的法律诉讼风险。知识产权是一种可以高度复制的东西，专利申请后的公开制度使得同一技术领域的人容易用同样的方法进行复制，或者制造出同样的专利产品。同时专利权质押后某一方不履行义务的结果也会导致法律诉讼。一旦卷入到法律诉讼程序，就会付出新的诉讼成本，同时，我国金融诉讼实践长期存在审判难、执行难的问题，银行在不动产抵押纠纷中，往往都是“赢了官司输了钱”。更何况“看不到摸不着”的专利。❷

评估师在进行评估时应关注到影响专利价值的法律风险。首先要核实质押物在质押日的权属及有效性，判断专利的真实性，专利权属是否有变化，是否已产生无效诉求，或已经被无效，等等。其次还应考虑质押专利权利的稳定性，由于我国对实用新型和外观设计两种专利只需经过形式审查，不做新颖性检索就可授权，因此，如果被评审专利是属于实用新型或外观设计专利，在评估前一定要做新颖性检查，最好有国家知识产权局专利局做出的新颖性评估报告，以确保专利权利的稳定性。

此外，专利技术受法律保护的范围是在申请专利法律保护阶段已经界定的，评估专利资产时应考虑专利技术所覆盖的范围对其价值的影响，同时了解该专利是否有从属专利等因素。

3. 市场风险

专利价值的回归是在市场。一项专利产品在市场的赢利规模和能力受市场规模、市场对产品的需求度、产品在市场上的竞争能力等因素影响。市场规模大，产品需求度高，产品竞争力强的专利产品赢利能力自然就强。市场环境终究还受社会环境因素的影响，国家宏观经济政策倾向、经济社会的发展趋势等也会影响到专利技术的发展。

在专利质押融资后，质押人能否用获得的资金去进行妥善经营，从而及时向银

---

❶ 刘玉平．基于知识产权视角的无形资产评估问题研究［J］．中国知识产权评估，2008（2）．
❷ 刘伍堂．“质押贷款中知识产权价值评估实务”专题报导．2007.

行还款是银行最关注的问题，因此，银行在发放贷前要充分评估借款人的信用等级和还款能力。如果企业的投资经营所得无法按时还本付息，而企业又没有其他方法可以还债的情况下，银行就需要对知识产权进行变现来实现债权。同时，企业在无法还本付息的情况下，还可能面临破产的压力，这种情况下企业也要寻求将专利变现来偿还贷款和应对诉讼。然而，由于专利所处领域的局限，加上我国目前还没形成活跃的专利资产交易市场，专利的变现绝非轻而易举的事情，此外，处置质押物后所获得的收益能否覆盖贷款也是一项重要因素。因此，在对专利资产进行评估时，还要考虑该资产变现的可能性。

4. 技术风险

一般而言，专利资产的价值是通过企业产品或服务的获利实现的，技术因素可以决定产品或服务的获利能力，因此要考虑其对专利价值的影响。由于专利的技术性特点，在评估时要充分考虑其技术成熟度和替代技术的开发。专利技术的成熟度对专利总价值的影响是必然的，对于某一项技术来说，处于不同技术发展阶段时，其价值是不同的。发展越成熟的专利技术，其价值也就越高，其评估价值也应该越高。另外，根据经济学中的“产品替代规律”，一项专利技术如果存在替代技术，那么其经济价值就会大大降低。替代技术越接近，对其价值的冲击力就越大。因此，其替代技术的发展不得不成为价值评估中的考虑因素。

同时，一项技术所创造的价值，可能是多种专利共同作用的结果，在这种情况下，要善于将所评估专利能创造的价值充分剥离出来，从而对该专利所能创造的价值作出准确的评估，相反，如果拟质押的专利资产无法与相应的专有技术分离，则不仅不容易分离出本专利的价值，还可能影响其可变现性。

对于专利权属于不同的专利权人的情形，我国相关法律法规规定，必须在全体权利人同意的情况下才能进行质押。但是，如果一项产品来自于几项不同的专利技术，而质押融资行为只是用其中一种或一部分专利技术进行时，就要考虑该专利权变现的风险。事实上，该专利价值的实现是通过产品的市场收益来体现的，如果质押人无法归还银行的本息，由于该专利技术在创造价值时的不完整性，在将该专利权转让、许可、或拍卖时，除非买方将创造该产品的所有核心专利技术一并买下来，否则该专利技术将无任何价值可言。

如前所述，由于专利质押融资中诸多风险的存在，对专利价值评估机构提出了更高的要求，为了保证评估的准确性，专业的知识产权评估机构应运用科学的评估方法。首先，一项专利的生成需要有配套的资金、设备和人员才能产生效益，资产评估机构要将由专利产生的价值从总体价值中适当地剥离，才能准确地评估专利的价值。其次，在对专利价值进行分析时，资产评估机构应当分析专利本身的因素和专利运用中的因素。专利本身的因素包括专利的法律状态、稳定状态、专利稳定产品和服务市场的寿命等；专利运用中的因素包括营运成本、许可类型成本和地狱、许可费的支付方式，专利交易成本等。再次，专利评估机构要与其他机构合作。专利价值评估不仅需要资产师的努力，而且还要在评估前对其真实性进行认定，对其技术含量进行评价，并对其专利是否存在瑕疵进行法律上的判断。这些工作需要专利资产管理部门、科技部门和法律工作人员的配合。另外，在评估中，还需要对专利的应用进行经济分析。有的专利资产虽然真实存在或具有很高的科技含量，但在目前的经济或科技条件下难以得到充分的发挥；另外有的企业所拥有的专利在市场上遭遇类似的知识产权的竞争，这些情况都会影响专利的价值，并且很可能需要相关专家的支持协作。

第三编

专利保护政策

专利权二次界定的法经济学分析

王 鹏*

解释权利要求书是专利侵权判定的基础和前提，但是关于解释权利要求书的原因、本质、最优解释原则和解释方式等，却众说纷纭。本文拟从法经济学的视角对这一问题进行分析，争取提供一种较为深层的解说。

一、专利权二次界定的原因

专利权的保护范围以权利要求书的内容为准，但是专利权利要求书表达的不确定性和专利权权利本身可能存在的瑕疵性，使得法院在进行侵权判定时，不得不对权利要求书的内容进行解释，以确定其保护范围。如果说专利局授权文件中的权利要求书是对专利权边界的第一次界定，那么法院对权利要求书的解释则是对专利权边界的第二次界定。

（一）权利要求书表达具有不确定性

权利要求书是以文字的形式来表达人脑中的创造性思想，这种表达方式本身必然存在不确定性：

（1）虽然创造性思想与人脑之外的客观现实具有对应性，但语言文字的精确性和丰富程度还难以全部反映技术现象的无限多样性、技术特征的组合与变化以及相似技术特征中的全部区别。

（2）作为表达符号的文字不同于数学符号，文字具有不精确的特点。专利文件中许多词汇都有多种含义，同一词汇的含义在不同时间、地点、场合和语境下，也会有所不同。有时，不同的主体对同一文字的理解可能不同，甚至完全相反。

（二）专利权可能存在权利瑕疵

由于专利局实用新型和外观设计申请的审查为形式审查，不能保证其符合授权的实质条件；对发明申请的审查虽为实质审查，但是也不能保证完全排除公知技术和授予专利权的技术方案均具备实用性和创造性，国家知识产权局专利复审委员会

* 王鹏：北京化工大学文法学院教师。本文曾发表于《安徽大学学报（社会科学版）》2010年第3期。

复审后宣告无效或部分无效的专利几乎占了请求量的50%，但这只是被提出无效宣告请求的专利，还有许多无人问津的专利，实际上也是无效专利。[1]随着科学技术的进步，发明创造越来越多，审查的难度也越来越大。

正是由于上述原因，大多数专利权的初次界定并不够清晰。如果从经济学的角度看，专利权初次界定不清晰是符合经济学原理的。由于专利权本身的表现形式和专利审查制度，使其初始界定不可能完全清晰。如果实现全部专利权的初始界定非常清晰，那么由于界定产权所产生的检索、审查、判断、诉讼等各种费用过高，时间过长，这些成本可能远远高于专利制度带来的社会利益，实在是得不偿失。这种界定不清晰的产权，留在了“公共领域”，有待日后处理。如果在社会经济生活过程中这些产权没有引发纠纷，就不需要再次界定；如果引发纠纷，则需要在专利侵权诉讼中由法院按照一定的原则予以明晰，即第二次界定产权边界。而需要第二次界定的专利权只占授权专利中很小一部分，这就大大节约了专利制度的成本。

二、专利权二次界定的经济学意义

在发生纠纷时，通过专利侵权诉讼第二次界定专利权的边界具有重要的经济学意义。

（一）当外部性出现时，通过再次界定专利权边界，适时地解决专利侵权纠纷

侵权行为一旦发生，就会引起外部损害的责任和外部收益的问题，在没有专利侵权制度保护发明创造的情况下，他人可以随意对发明者的技术成果进行模仿，权利人付出很大的代价进行发明创造，有时可能连成本都无法收回。但是，通过专利侵权制度可以将这种责任和收益加以区分，形成相应的规则，这首先需要专利权明晰。因为侵权责任划分有赖于产权的划分，侵权方承担侵权责任，意味着他进入了权利人的产权边界。所以，发明创造的产权必须要明晰，否则就无法判断行为人是否进入专利权边界。专利权一旦明晰界定，就为侵权产生的外部性内部化创造了条件，特别是原来的外部损害就会由相应的主体纳入其内在成本的考虑范围，损害不再是由他人承担或社会承担，而是构成侵权人的内在成本，侵权人就会努力减少这种成本。否则，侵权人就不会设法减少外部损害。产权不明晰，还会使外部收益归属不明确，当事人会为获得这种收益而耗费大量人力、物力、财力，有可能当事各方为获得这部分收益而付出的代价比这部分收益还多。因此，外部收益因专利权的第二次界定明晰后而内在化，也降低了交易成本。所以，诺思强调指出：“付给数学家报酬和提供奖金是刺激努力出成果的人为办法，而一项专为包括新思想、发明和创新在内的知识所有权而制定的法律则可以提供更为经常的刺激。没有这种所有权，便没有人会为社会利益而拿私人利益冒险。”[2]

（二）降低不确定性，减少未来可能发生的专利纠纷

专利权界定不清，会使不同主体之间的交易因为边界不清而纠缠不断，甚至交

易费用高得使交易无法进行。即使他们不进行专利权的让渡或易手，在实施与专利相近的技术时，也会因专利权边界模糊而长期争吵、谈判，引起诉讼。这不仅妨碍了专利权的正当行使，影响了专利技术成果的充分利用，给人们利用发明创造的选择和决策带来困难，使人们不能稳定地进行预期。甚至有些产权边界有争议的专利技术成果只好长期闲置，难以使用。而且，长期的谈判、争吵、诉讼本身就是大量交易费用的耗费。专利权经过第二次界定清晰后，使不同主体对不同的发明创造有不同的、确定的权利，这样人们的技术交易环境变得比较确定，大家都更能够明白自己和别人的选择权，专利权交易可以顺利进行，减少发生新的纠纷。

（三）使权利与责任对等，能够建立起有效的激励与约束机制

通过第二次界定专利权边界，明晰了专利产权后，权利人就会有进一步努力的动力，就可能会稳定地获得与努力程度相一致或相对应的预期收益。这样，权利人才会为专利权权能行为承担责任，并且努力提高专利技术的实施效率。特别是在专利是一种投资少、见效快、收益高的发明创造时，更加需要对专利权进行明晰，以促进专利技术尽快实施，否则，机会主义动机就有可能大量化为机会主义行为，阻碍专利技术转化为现实生产力。专利权明晰界定后，专利权变为一种稳定的权利。稳定的专利权既能够加强对权利人权利的保护，也能够发挥对他人合理使用公知技术的承认和尊重作用，他人不能侵犯专利权，权利人也不能滥用专利权和诉权。如果专利权不能通过专利侵权法律制度予以明晰化，不同权利主体之间的激励约束机制难以建立，专利技术对社会的贡献就要大打折扣。

三、最优专利权二次界定原则

专利权的二次界定依赖于专利授权文件，这些文件包括权利要求书、说明书和附图。其中，专利权利要求书在专利权的界定方面起着决定性的作用。因此，专利权的第二次界定是围绕着解释专利权利要求书展开的。

任何人均可以对权利要求书进行解释。但是，鉴于法院在社会生活中的地位，法官对权利要求书的解释具有最重要作用，这种解释是通过专利侵权民事诉讼进行的。这一过程之所以重要，是因为专利权的保护范围不是由具体的发明、发明的过程或者在专利申请过程中的其他文件决定的，决定专利保护范围的主要依据就是权利要求书。权利要求书在确定专利权保护范围方面发挥作用的机制如下：专利申请人根据自己对发明创造的理解，通过语言的形式将其认为是其作出的、希望予以保护的发明创造描述出来，并根据专利审查员的要求进行修改，最后经国家专利管理机关授权后，就形成具有法律效力的权利要求书，这是专利权的第一次界定。在提出专利侵权诉讼后，法官对该权利要求书进行解释，确定专利权边界，这就是专利权的第二次界定。二次界定后法官对被控侵权产品或方法是否落入专利保护范围进行判断，如果落入其保护范围，再对被控侵权人是否属于合理使用专利进行判断，

最后确认是否构成侵权。

虽然各国法律都承认权利要求书是界定权利边界的法律文件，但是在如何理解权利要求书方面，司法实践中却存在两种不同的原则，一种是“中心限定”原则，另一种是“周边限定”原则。

“中心限定”原则是指理解和解释权利要求时，以权利要求所陈述的基本内容为核心，向外做适当扩大解释，权利要求书的作用主要体现在定义发明人在现有技术的基础上作出了何种贡献，其目的仅仅是供专利局和公众判断发明创造的新颖性和创造性。这种原则以德国为代表。另一种“周边限定”原则以英美为代表，是指专利权的边界完全由权利要求的文字内容来确定，任何扩大解释都是不允许的。只有当被控侵权产品或方法严格地从文字上重复再现了权利要求中所记载的每个技术特征时，才被认为落入到该权利要求的边界之内。实际上，如果将权利要求书的撰写和审批考虑在内，两种原则对权利人的保护效果是基本相同的。

就“周边限定”原则来看，美国在 1836 年通过专利法案一段时间后，为了能够对专利权保护范围进行准确界定，开始强调权利要求中所使用语言文字的重要性。在 1870 年通过的专利法修正案中，美国正式确立了由专利权利要求确定专利权保护范围的制度。随后，在 *Merrill v. Yeomans* 一案中，美国联邦最高法院认为专利权的保护范围必须限定在发明人对其发明进行陈述的范围之内，权利要求的保护范围以发明人在权利要求中的语言文字为准。公众有权清楚地了解专利权的保护范围，否则他们就难以避免侵犯他人专利权的可能性，公众利益将会受到损害。美国的这种做法使得专利权的界定基本上由专利申请人自己来负责。一旦授予专利权，法院在判断专利侵权时就会较为严格地受到权利要求书文字内容的约束。因此，申请人在准备申请文件和专利审批过程中都十分重视权利要求的撰写方式，总是力争让权利要求的文字表达尽可能宽的保护边界。

相比起来，“中心限定”原则却有所不同。20 世纪早期，德国工业技术迅速发展，专利局审查专利申请时经常不能完全检索到现有技术，法院认为如果将专利权保护范围仅仅局限于权利要求语言覆盖的范围，就很难对专利权人提供充分的保护。因此，德国法院在专利侵权诉讼中解释专利保护范围时采取了更为灵活的态度，就是应当保护发明构思，该发明构思不仅包括发明人已经作出的发明，而且还包括那些对于这些发明创造所作的细微变化。正是由于德国法院所遵循的这种理念，使得德国过去的专利审批过程中，即使审查员提出较为严格的限制要求，申请人也往往不太计较，因为在以后的专利侵权诉讼中，法院可能扩大权利要求文字表达的保护边界。

从上面的分析可以看出，针对同样的发明创造申请专利时，过去在英美等国获得的可能是一项以“上位”概念撰写的权利要求，而在德国等国得到的却是一项以“下位”概念撰写的权利要求，即较为如实地记载了发明的实施方案的权利要求。[3]

授权之后，英美等国法院在专利侵权诉讼中一般相当严格地遵循权利要求的文字内容确定专利权边界，即“周边限定”原则；而德国法院却可以更为灵活地解释，将其保护范围扩大到“总的发明构思”，即“中心限定”原则。如果我们只看法院的解释方法，就会得出两种原则对专利权边界的界定立场大相径庭的结论，但是从权利人实际获得的保护效果来讲，却基本相同。因此，虽然专利权的两种界定原则存在较为明显的区别，但是实际上对专利权边界的界定标准并不存在显著差异。

也就是说，不同国家分别采用两种原则解释权利要求书的最终结果是基本相同的。既然如此，选择哪一种更好，应以专利权边界界定成本较低的为宜，这样选择的成本收益比才是较高的，也才是有效率的。

专利权界定会产生两部分成本：一是第一次界定成本：即专利申请和授权的成本；二是第二次界定成本：即实施专利技术和解决纠纷过程中解释权利要求产生的成本。第一次界定成本中的申请成本包括撰写权利要求书的成本和申请规费。申请规费是行政收费，与专利权边界的界定原则没有必然联系，这里不再讨论。从撰写权利要求的成本来看，可能许多人会认为在“中心限定”原则下，申请人不必重视权利要求的撰写方式，不必对发明进行总结和概括，也不必写出“总的构思”，只要撰写一份记载发明的具体实施方案即可，成本较低。其实不然。考察一项发明的过程，首先是发现现有技术存在的问题，产生对新技术的需求；其次是对新发明进行总的构思，找到解决问题的大致思路；然后进行设计、实验、改进，解决技术难点问题；最后形成一套实用的技术方案。由此看来，一项发明是先有总体构思，然后经反复试验才能形成具体实施方案。实际上，很多专利在申请时也都没有具体实施方案，只是根据总体构思撰写了权利要求书。从一方面看，在“周边限定”原则下，撰写一份体现总体构思的“上位”权利要求书，可能比在“中心限定”原则下撰写一套具体的实施方案更容易一些，因为这样的权利要求书不需要像具体实施方案那样考虑技术细节问题；从另一方面看，撰写“上位”权利要求书需要更多的概括性思维，可能会加大撰写的难度。总的看来，二者各有难易，很难说哪一种难度更大，成本更高。就授权成本来看，主要是专利审查成本，由于各国专利管理机关对权利要求书形式和实质审查的标准基本一致，因此两种原则下的审查成本并无显著差异。综上所述，两种不同的专利权界定原则对专利权第一次界定成本无明显影响。

下面，将研究两种原则下，专利权第二次界定成本的差异，并通过一个模型来讨论如何在两种原则之间进行选择的问题。设在“周边限定”原则的体制下，法院对权利要求的解释成本为 Ac_1，专利侵权纠纷发生的数量为 Aq；社会公众如果要从事与专利技术有关的生产经营，为防止侵权行为发生，也需要进一步界定专利权边界，为此花费的成本为 Ac_2。在“中心限定”原则下，法院对权利要求的解释成本为 Bc_1，发生专利侵权纠纷的数量为 Bq，同时，在这种情况下，社会公众对专利权边界的界定成本为 Bc_2。

因此，“周边限定”原则下，专利权第二次界定的成本为：

$$TAC = Ac_1 \times Aq + Ac_2 \quad (1)$$

在“中心限定”原则下，专利权第二次界定的成本为：

$$TBC = Bc_1 \times Bq + Bc_2 \quad (2)$$

分析（1）式和（2）式：（a）在“周边限定”原则下，专利权边界以权利要求书为准，法院对权利要求的解释相对简单，一般不需要专门机构进行界定；而在“中心限定”原则下，除了根据权利要求书进行解释外，法院还要对属于专门技术问题的“总的发明构思”进行解释，由于法院本身对技术问题并无特长，大多委托专门机构对专利权边界进行解释。相比起来，前者的成本少于后者，故 $Ac_1 < Bc_1$。（b）在“周边限定”原则下，专利权边界相对更清晰一些，而“中心限定”原则下，在未经法院终审判决确认前，专利权边界并不清晰，因边界不清引起的侵权纠纷要多于前者，故 $Aq < Bq$。（c）由于与（b）同样的原因，社会公众从事与专利技术有关的生产经营，为防止侵权行为发生，进一步界定专利权边界的总成本前者要少于后者，故 $Ac_2 < Bc_2$。综合上述分析，我们的结论是：$TAC < TBC$，在对专利权保护力度相同的前提下，采用“周边限定”原则，专利权的第二次界定成本更低，因此，“周边限定”原则是最优解释原则。

我国《专利法》第 56 条规定的“发明或实用新型的保护范围以权利要求书的内容为准，说明书和附图可以用于解释权利要求”，实质上就是采用了“周边限定”原则来界定专利权边界。当然，也有人认为我国采用的是折中原则，[4] 主要理由有二：一是《专利法》第 56 条除了规定“以权利要求书的内容为准”外，还规定了“说明书和附图可以用于解释权利要求”，这说明对专利权边界的界定不是完全拘泥于权利要求书的文字内容。二是我国落入专利权保护范围判断原则中，除了相同技术特征判断原则外，还有等同技术特征判断原则，等同原则的适用，也证明专利权的边界界定不完全限于权利要求书的文字内容。

笔者认为，这是对《专利法》第 56 条和侵权判定原则的误解。首先，对专利权边界的界定一般是以权利要求书的内容为准的，但是权利要求书中有的表述可能并不清楚、明确，如果仅凭权利要求书难以确定专利权的边界，这时就要根据说明书和附图对权利要求书的文字进行解释。这种解释的条件是十分严格的，即只有在对权利要求书表述有不同理解的情况下才适用。而且，解释的尺度也相当严格的，即只能对权利要求书的文字进行解释，而不能超过文字的内容进行解释，当权利要求书与说明书对同一技术特征的表述不一致时，以权利要求书的表述为准。因此，《专利法》第 56 条规定的对权利要求书的“解释”，实质上仍未超出权利要求书的文字内容，与“中心限定”原则可以根据发明总的构思对专利权边界进行界定完全不同。其次，专利侵权等同判定原则，即将某些附合等同判定标准的产品或方法，也视为落入专利权保护范围。等同判定原则实际上是“周边限定”原则下落入专利权保护范围判断原则，并不是一种专利权保护范围的解释方式。因为，我国《专利法》明确规定专利权的保护范围以权利要求的内容为准，而权利要求的内容是不包括等同技术特征的。之所以有人对此存在误解，主要是因为司法解释（法释［2001］21号）将专利权保护范围解释为包括“与该必要技术特征相等同的特征所确定的范围”，应当说这是当时立法技术和立法水平还相对较低，文字表述不够准确造成的。对这一条款的正确理解应当是“与该必要技术特征相等同的特征所确定的范围也视为落入专利权保护范围”。如果以等同技术特征作为专利权的保护范围，专利权保护范围就会处于不确定状态，因为等同技术特征只有在专利侵权诉讼中经过法院的审理才能确定，一般社会公众是不易判断的。即使是专利权人，在申请专利时也不知道等同技术特征是什么，否则就会在权利要求中有所体现了。综上所述，不能认为我国《专利法》确定的权利要求解释原则折中了“周边限定”与“中心限定”的内容。

四、以最低成本理解权利要求的措辞和术语

为保证公众和法官以最低的成本理解专利权利要求中措辞和术语的含义，不必为理解这些措辞和术语反复查询，多次研究，也不必因为对这些措辞和术语的含义理解不同而耗费时日，争论不休，只要阅读了权利要求书和说明书，就可以正确理解专利权的边界，在专利权的二次界定过程中，除了以专利独立权利要求书记载的全部技术特征为准外，还需要说明书和附图的补充。我国《专利法》规定“说明书及附图可以用于解释权利要求”，其本意也在于此。

但是，在“周边限定”原则下，这种补充是极其有限的。发明或实用新型专利说明书由五个部分组成：

（1）技术领域：写明要求保护的技术方案所属的技术领域。

（2）背景技术：写明①对发明或者实用新型的理解、检索、审查有用的背景技术；②有可能的，引证反映这些背景技术的文件。

（3）发明内容：写明①发明或者实用新型所要解决的技术问题；②解决其技术问题采用的技术方案；③对照现有技术写明发明或者实用新型的有效效果。

（4）附图说明：说明书有附图的，对各幅附图作简略说明。

（5）具体实施方式：①详细写明申请人认为实现发明或者实用新型的具体方案；②必要时，举例说明；③有附图的，对照附图。

这五部分中的（1）、（2）、（4）、（5）以及（3）①与界定专利权边界并无关系。（3）③在判定被控侵权产品或方法是否为等同技术特征时具有一定作用，但是这并不是界定专利权边界，而是对是否落入专利保护范围的判断，将在下节论述。（3）②是对权利要求书的解释，其与权利要求不一致时，还应以权利要求为准。

关于这部分内容对确定专利权边界的解释作用，主要还是体现在对权利要求中措辞含义的解释。这是因为，只有清楚、正确地理解权利要求中每一措辞和术语的含义，才能正确地界定专利权的边界。然而，专利保护的对象是新的发明创造，是现有技术中不曾有过的技术方案，因此它常常在已有辞典和技术专业著作中难以找到相应的表述，即文字表达上的困难。在理解权利要求中采用的措辞或者术语时，法官和公众面对的一个问题就是应该按照该措辞的常规含义来理解，还是应当按照该措辞在发明中的实际应用情况来理解。对此，应当以最低成本为标准，遵循两条基本定理：

第一定理：普通含义定理。当专利说明书没有对权利要求中所采用措辞和术语的含义作出特殊解释，以及根据说明书中给出的具体实施方案不能认为权利要求中采用的措辞和术语具有特殊含义时，以最低成本理解的方法就是推定该措辞和术语具有所属领域中技术人员通常理解的含义。所属领域中的经典著作，（例如技术手册、大专院校通用教科书等）以及专业技术辞典可以用作证明该通常含义的外在证据。当同一措辞和术语有两种或两种以上的通常含义，而说明书对此又没有具体说明时，应当作出对专利权人不利的解释。这是因为，专利权人是最了解该项发明创造的人，其在说明书中对措辞或术语的含义作出解释的成本极低，而社会公众对该发明创造中措辞和术语的含义却相对生疏，理解的成本也相对较高。因此，由解释成本较低的专利权人承担措辞和术语含义的解释义务，是一种有效率的选择，如果其没有履行这项义务而引起争议，理当承担不利后果。

第二定理：特殊含义定理。为保证专利权人不必在措辞和术语的选择运用方面花费太多成本，应当允许专利权人自由选择他所希望采用的技术术语和表达方式，允许其采用措辞的含义与该措辞的普通含义有所不同。但其前提条件是公众也可以清楚、简单、以较低成本理解这些措辞和术语的含义，也就是说专利说明书本身要满足《专利法》第 26 条第 3 款的规定，使公众能够清楚地理解发明创造，同时按照《专利法实施细则》的规定，确保权利要求书中使用的措辞和术语与说明书使用的措辞和术语一致。在这种条件下，无论是专利权人还是普通公众，对措辞和术语含义的理解成本都是较低的。

借助权利要求书中的其他权利要求来理解某项权利要求措辞和术语的含义，也应遵循成本最低原则：不同权利要求中采用的相同技术术语应当解释为具有相同含义，不应当使这种理解自相矛盾或对技术方案没有意义。当不同权利要求中以相同或者类似技术概念采用不同的措辞或者术语时，应当认为这会导致其产权边界不同。

参 考 文 献

[1] 尹新天．美国对其专利政策的重新审视［M］//国家知识产权局条法司．专利法研究（2004）．北京：知识产权出版社，2005：84.

[2] 诺思，托马斯．西方世界的兴起［M］．厉以平，蔡磊，译．北京：华夏出版社，1999：8.

[3] 尹新天．专利权的保护［M］．2版．北京：知识产权出版社，2005：260.

[4] 北京市高级人民法院．专利侵权判定若干问题的意见（试行）［M］//程永顺．专利侵权判定实务．北京：法律出版社，2002：23.

最优专利侵权归责原则的选择

——一种经济模型的方法

王　鹏*

专利侵权归责原则是确定专利侵权行为人赔偿责任的关键，然而，长期以来对该问题的理论研究基本是以公平正义为价值取向，忽视了效率标准，这显然与专利法的根本目的不一致。因为，专利法的根本目的是高效率的促进技术创新，判断专利侵权归责原则优劣的标准也应当是促进技术创新成本的高低，即通常所讲的效率标准，而非公平标准。加之，我国《专利法》对此规定并不明确，导致司法实践中的作法不尽统一。针对以上问题，本文应用经济模型的方法，通过设定若干条件，分步骤建立专利侵权归责原则模型，研究不同归责原则在促进技术创新过程中的效率，以选择一种最优归责原则，旨在为提高技术创新的立法和司法保护效率，开拓一种新的解决思路，促进司法统一，进一步丰富专利法律制度的理论体系和研究方法。

一、基本概念和条件

侵权行为人对侵权行为发生的心理状态一般包括三种类型❶：第一种是行为人明知自己的行为会侵犯专利权而仍然希望或放纵结果的发生，这种行为人的心态是故意；第二种是行为人对自己行为的后果应当预见而未预见，或者虽有预见却轻信其不会发生，这种行为人的心态是过失。故意侵权和过失侵权在民法上统称为过错侵权行为。第三种是意料之外的行为。如在某项产品申请了发明专利但尚未公布期间，行为人独立地研究开发并制造了相同产品，在发明授权后仍然继续其制造行为，也要承担侵犯专利权的责任。责任指的是侵权行为人可能承担的向专利权人进行赔偿的法律义务。

模型的主体包含专利权人和侵权人。侵权只能由侵权行为人引起，侵权行为受两个因素的影响：一个是对生产、销售、许诺销售、使用、进口等行为施加的注意

* 王鹏：北京化工大学文法学院教师。本文曾发表于《制度经济学研究》2010年第4期。

❶ 魏振瀛．民法［M］．北京：北京大学出版社，2000：679.

(care) 程度。另一个是生产、销售、使用、进口专利产品的数量，使用专利方法生产专利产品的数量，称为行为程度。例如，一家工厂生产一种机床前查阅有关专利文献，聘请有关专家研究拟生产的机床是否落入现有专利保护范围等活动，被视为他的注意程度，他生产的机床数量就是他的行为程度。对于故意侵权行为来讲，行为人的行为虽然不受注意程度的影响，或者说注意程度为 0，但是受行为程度的影响。例如，侵权人生产的侵权产品数量越多，他从侵权行为中获得的收益可能就越大，被发现的可能性也越大，面临的责任也会越大。

模型假设侵权造成的损失是专利权人自己实施专利或许可他人实施专利获得收益的直接损失，施加注意的成本是侵权人收益数量的减少，责任赔偿是收益从侵权人向专利权人的转移，从而消除专利侵权外部性。我们还假设侵权人是风险中性的。侵权人是依据他们自身的预期收益做出是否从事被控侵权行为的判断的，即他们的选择仅仅受到他们预期收益的影响，预期收益的减少（即预期损失）是潜在的损失与受到这一损失的可能性的乘积。例如，行为人生产一种机床时，面临着有10％的可能承担 100 元损失的风险，那么他的预期收益将会减少 100 元×10％＝10 元；如果他面临着有 1％的可能承担 1000 元损失的风险，则他的预期收益也将减少 10 元。这说明，侵权人的预期收益既会受到潜在损失本身大小的影响，也要受到损失可能性的影响。

最重要的是，最优的社会目标不是不发生专利侵权行为，而是使专利侵权的社会总成本或预期的侵权总损失最小化[1]。这是卡尔多—希克斯效率原则要求的。在侵权法的经济分析领域，存在着两种效率标准：一种是帕累托效率，另一种是卡尔多—希克斯效率。所谓帕累托效率是如果一种变化没有使其他人的境况变坏而至少使一个人的境况变好，这种变化就被认为是有效率的，也称为帕累托改善。这种改善一直持续到一点，在这一点不能再使一方的效用增加，也不会使另一方的效用减少，则该点状态便是帕累托最优。帕累托最优状态下的效率最高。在自愿的市场交易中，交易各方都对对方所持的商品或服务给予较高的评价才可能发生交易，因此，自愿交易后能给双方当事人带来福利的改善，这符合帕累托效率的标准。

但是，帕累托效率具有明显的局限性，即只有那些至少有一方的境况变化而同时没有使其他人的利益受损的调整才能被接受。卡尔多—希克斯效率试图超越帕累托效率这一局限性。卡尔多—希克斯效率关注的重点不再是资源的重新配置是否会导致某些人的境况变坏，而是社会整体的效用是不是增加到最大值。按照卡尔多—希克斯效率，如果从社会资源再配置中获得的利益足够补偿那些受损的人，那么资

[1] 罗伯特·D．考特，托马斯·S．尤伦．法和经济学［M］．施少华，姜建强，等译．上海：上海财经大学出版社，2002：256.

源配置的这种调整就是有效率的，尽管可能并没有产生实际的补偿。波斯纳指出，卡尔多—希克斯效率的概念可称为潜在的帕累托改善：得益者可以补偿损失者。因为在现实世界中，帕累托改善的条件几乎不可能得到满足，而经济学家又很少谈及效率，所以很清楚，在经济学中具有操作性的效率定义不是帕累托效率。当一位经济学家说到交易或生产，或控制污染，或其他政策与状态是有效率的，大多数是指卡尔多—希克斯效率❶。正是因为如此，侵权法的效率标准也是卡尔多—希克斯效率，即侵权法的目标不是不发生侵权行为，而是使预防侵权产生的成本与侵权造成的损失之和最小，即侵权产生的社会总成本最小。因为预防侵权行为也是有成本的，如果预防成本超过了侵权造成的损害，那么社会的整体效用就要降低，这种预防就不符合卡尔多—希克斯效率。所以，只有在侵权产生的社会总成本最低，也就是边际预防成本等于边际损害时，达到最优预防程度，社会整体效用才能达到最大化。

在上述条件下，通过建立模型研究不同归责原则对于侵权人行为的影响，以选择最优归责原则。

二、注意水平作为决定责任唯一因素的模型

这一模型中假设侵权人只能通过增加注意水平来影响侵权行为的发生，也就是说，假设他们的行为水平是固定不变的，即假设侵权产品的生产成本和数量不变。注意水平是由注意成本决定的，注意成本越高，则注意水平也越高，二者成正比的关系。注意成本决定了侵权行为发生的概率，这一概率又决定了预期侵权的损失，预期侵权损失与注意成本之和就是侵权的社会总成本。社会的目标就是使得侵权的社会总成本最小，即注意的成本与预期侵权损失之和最小。

模型的建立分为三个步骤：第一步，分析注意水平与侵权社会总成本之间的关系，以确定能够使侵权社会总成本最小的注意水平，即最优注意水平；第二步，分析法院采用何种归责原则，才能激励侵权人施加最优注意水平；第三步，对能够激励侵权人选择最优注意水平的两种或两种以上归责原则（即收益相同的归责原则）进行成本比较，找到成本最低的归责原则，从而确定最优归责原则。

第一步，确定最优注意水平。假设侵权人在生产某种产品前的注意水平与生产这种产品可能导致100元损失的专利侵权行为的发生概率之间存在如表1之间的关系。

❶ 理查德·A．波斯纳．法律的经济分析［M］．蒋兆康，译．北京：中国大百科全书出版社，1997：16.

表 1 注意水平与侵权行为发生概率

注意水平	注意成本	侵权发生概率	预期侵权损失	侵权社会总成本
没有	0	16%	18	18
中等	4	12%	12	16
较高	10	6%	10	20

从表 1 可以得出结论：中等程度的注意水平将使侵权的社会总成本最低。一方面，把注意程度从“没有”提高到“中等”水平，会减少 6 元（18 元－12 元）的预期侵权损失，同时增加了 4 元的注意成本，因此，侵权社会总成本降低了。另一方面，把注意程度提高到“较高”水平时，预期侵权损失仅仅减少了 2 元，但却比“中等”注意水平增加了 6 元的注意成本，侵权社会总成本提高到 20 元，显然是低效率的。这一例子表明，因为较高的注意水平需要较高的注意成本，所以较高的注意水平可能并不会导致最低的预期侵权的社会总成本。

第二步，分析法院适用不同归责原则的情况下，侵权人采取的不同注意水平。(1) 无责任。即侵权人对所造成的损失不承担赔偿责任。如表 1，在没有责任的情况下，侵权人不会施加任何注意，侵权社会总成本为 18，高于最低水平。(2) 无过错归责原则。即不问侵权人是否有过错，法院均要判决其赔偿专利权人的损失。因此，侵权人的总支出等于侵权总成本，侵权人会努力使他们的总支出最小，侵权人的目标与减少侵权社会总成本的社会目标是一致的。所以，这种责任状态将使侵权人采取社会最优注意水平。如表 1，预期侵权社会总成本就是侵权人的预期总支出，侵权人必然会选择侵权社会总成本最低时的注意水平，也就是中等注意水平。根据前面的分析，这一注意水平无疑是最优注意水平。(3) 过错归责原则。这种规则下，只有侵权人有过错，法院才判决其承担损失赔偿责任。所谓过错，就是指侵权人的注意水平低于法院规定的注意水平（也称“合理注意水平”）。如果侵权人施加了等于或者超过合理注意水平的注意，他就不承担赔偿责任。显然，合理水平的注意将使他的预期侵权损失和注意成本之和最小，因此，他将施加合理注意水平。

在适用过错归责原则时，如果法院确定的合理注意水平等于社会最优注意水平，侵权人必然会施加合理注意。原因有二：首先，侵权人显然不会施加超过合理注意水平的注意，因为只要施加合理水平的注意就可以免除赔偿责任，而更高水平的注意却不会带来任何利益而只会增加支出。其次，如果合理注意水平是社会最优注意水平，侵权人也不会施加低于该水平的注意，否则他就面临承担赔偿责任的风险。由于侵权人的预期总支出等于侵权社会总成本，因此他们总会选择一个能使侵权社会总成本最低的注意水平，这就意味着侵权人会调整他们的注意水平以达到社会最优水平，而这一水平等于合理注意，此时，侵权人不承担赔偿责任。在前述例子中，如果法院确定的合理注意等于社会最优注意水平，即中等水平的注意，那么如果侵权人不施加任何注意，他的预期责任将等于侵权社会总成本 18 元；如果施加了中等或更高水平的注意时，侵权人的预期责任将等于零。当施加中等水平注意时，侵权人的赔偿责任为零，总支出正好等于注意成本。因此，中等水平的注意是侵权人的最优选择。具体情况见表 2。

表 2　过错归责原则下侵权人的最优选择

注意水平	注意成本	侵权人责任	预期责任	侵权社会总成本
没有	0	有赔偿责任	18	18
中等	4	无赔偿责任	0	4
较高	10	无赔偿责任	0	10

为了使分析更加一般化，我们对这个问题用数学方式描述，建立一个注意水平作为决定责任唯一因素的专利侵权责任模型。用 x 表示侵权人的注意水平，以施加注意的成本计量，则 $x \geqslant 0$；$l(x)$ 表示在给定的 x 条件下，侵权人造成的预期侵权损失，则 $l(x) \geqslant 0$；$l'(x) < 0$，$l''(x) > 0$，预期侵权损失 l 是正的。因此，施加注意可能减少侵权人的损失，但是减少的比例是不断递减的。侵权行为的总成本用 C 表示，则：

$$C = x + l(x) \tag{1}$$

社会目标是使 ITC 最小，设 x^* 表示使 ITC 最小化的 x 值，社会最优值 x^* 是唯一的。再设 x^* 是正的，它由上式的一阶条件决定：

$$l = -l'(x) \tag{2}$$

也就是说，边际注意成本应当等于施加注意后预期事故损失的减少所带来的边际收益。从（2）式我们可以看出，由于侵权人会努力使他们的预期收益最大化，他们会采取措施使预期支出最小，也就是成本 x 加上预期赔偿责任最小化。因此，在没有责任的规则下，侵权人会选择 $x = 0$，此时，侵权社会总成本是 $l(0)$，不可能最小化。在无过错归责原则下，侵权人对他造成的任何损失承担赔偿责任，他的预期责任是 $l(x)$，为了使（1）式最小化，他会选择 x^*。在过错归责原则下，当且仅当侵权人的注意水平低于由法院确定的合理注意水平 $x^\#$ 时，才对他造成的侵权损失承担责任。如果 $x^* = x^\#$，侵权人会选择 x^*。侵权人不会选择 $x > x^*$，因为如果 $x = x^*$，他就可以避免承担赔偿责任，而其支出是 x^*；如果 x 更高，只会导致更高的支出却不会带来任何益处。侵权人也不会选择 $x < x^*$，这会使他对侵权损失承担赔偿责任。通过上面的分析，可以得出结论：当侵权人的注意水平为社会最优注意水平时，侵权产生的社会总成本一定是最小的。用公式表示为：

$$x + l(x) > x^* + l(x^*) \tag{3}$$

由于 $x^* + l(x^*) > x^*$，推导出下式：

$$x + l(x) > x^*\qquad(4)$$

(4) 式表明，如果侵权人选择 $x < x^*$，而不是选择 x^*，那么侵权人的预期支出将会更高。我们最后得出的结论与前面的分析相同，即：在无责任条件下，侵权人不会施加任何注意。在无过错归责原则下，侵权人会选择社会最优水平的注意。在过错归责原则下，如果法院确定的合理注意水平等于社会最优注意水平，侵权人也会选择社会最优注意水平。

第三步，确定最优归责原则。无过错归责原则和过错归责原则都导致同一结果，即社会最优行为，也就是说两种规则的收益是相同的。但是，法院在适用两种规则时所需要的信息是不同的。在无过错归责原则下，法院只需要确定损失 l 的大小，而在过错归责原则下，法院还要增加信息成本，这包括两部分：一是确定最优注意水平，如了解不同注意水平的成本及效果，知道公式 $l(\cdot)$ 等；二是确定侵权人施加注意的水平 x，如查阅了多少专利文献，进行什么研究和鉴定等。显然，适用过错归责原则的成本要高于适用无过错归责原则。因此，无过错归责原则是本模型中的最优归责原则。

三、注意水平和行为水平共同作为决定责任因素的模型

前面的模型研究了归责原则对于侵权人施加注意的影响，这一模型则要探讨归责原则对侵权人行为水平的影响。这一模型建立在三个假设条件上：一是侵权人注意水平确定时，其行为水平的增加将导致预期侵权损失以相应比例增加。如，一个生产商在注意水平确定后，生产产品数量加倍将导致预期损失加倍增加。二是侵权人行为水平增加会导致他的收益增加。如生产商生产的产品越多，他的收益就越大，但是，随着侵权人行为水平的增加，专利权人的损失却在不断增加。三是侵权人的最大生产能力为 5 单位产量。

根据卡尔多—希克斯效率原则，最优目标是使社会的总损失最小或总收益最大，本例以社会总收益计量。社会总收益是专利权人收益与侵权人的净收益之和，其中：专利权人收益是他出售专利产品获得的收益，虽然专利权人可能获得赔偿，但赔偿具有不确定性，而且不一定能够弥补他的损失，因此我们假定专利权人收益随着侵权行为水平的上升而减少；侵权人的净收益是他因侵权获得的收益减去他因侵权而付出赔偿后的余额，随着侵权人行为水平的上升，他的净收益在不断增加，但是由于预期侵权赔偿也在不断增加，且增加速度超过收益增加速度，因此，当侵权人行为达到一定水平时，净收益开始下降。

这一模型由两个步骤构成：第一步，在注意水平确定的情况下，例如为中等注意水平，找到使社会总收益最大化的行为水平，即最优行为水平；第二步，分析法院采取何种归责原则，能够激励侵权人选择最优注意水平和行为水平，从而确定最优归责原则。

第一步，确定最优行为水平。从社会福利的最优角度出发，侵权人施加的注意应当使侵权社会总成本最小。但是在加入行为水平这一因素后，侵权人同时应当生产、销售、进口、使用可能侵权的产品达到一定数量，或使用可能侵权的方法达到一定次数，这种水平的行为能够平衡他因此获得的收益与增加的风险，同时减少专利权人的收益，当侵权人的净收益与专利权人的收益之和达到最大时，社会的总收益是最大的。仍然从前面的例子展开，假设具有最优行为水平的行为人每次都施加中等水平的注意，表3描述了侵权人行为水平、净收益与专利权人收益、社会总收益的关系。

侵权人施加注意的成本是4元，如果侵权人生产1件产品，收益为24元，生产成本为10元，预期侵权赔偿额是6元，净收益为4元；专利权人的收益为98元，社会总收益为102元。如果他生产2件产品，收益为48元，注意成本还是4元，生产成本为18元，但预期侵权赔偿额上升到12元，净收益为14元，同时专利权人的收益下降到96元，社会总收益为110元。以此类推。从表3可以看出，最优行为水平是生产2件产品，因为在这一水平上社会总收益达到了最高值。此后，侵权人每多生产一单位产品，虽然会增加一定的收益，但专利权人的收益却以更大的数值在下降。因此，社会的总收益在不断地下降。侵权人在生产第2单位产品后就停止生产，是最优选择。

表3　侵权人行为水平、净收益与专利权人收益、社会总收益的关系

侵权人						专利权人净收益	社会总收益
行为水平	总收益	生产成本	注意成本	预期侵权赔偿	净收益		
1	24	10	4	6	4	98	102
2	48	18	4	12	14	96	110
3	60	24	4	20	12	90	102
4	70	28	4	30	8	82	90
5	76	30	4	42	0	72	72

这一例子的基本结论是侵权人的社会最优行为水平可以通过两个步骤来确定：首先是找到使侵权社会总成本最小的注意水平；其次是以最高社会总收益来确定最优行为水平。

第二步，我们将分析法院采用不同归责原则对侵权人选择不同注意水平和行为水平的影响，以确定最优归责原则。

（1）没有责任。在没有责任的情况下，侵权人不需要承担注意成本和预期侵权赔偿，因此他不会施加注意，而会从事生产、销售、进口、使用等侵权活动达到一个非常高的水平。事实上，只要能够获得收益，他们就会从事这一活动，而不是达到社会最优水平时停止。在前面的例子中，侵权人会选择利润最大的产量，即5单位的产量生产，而不是社会最优的2单位产量，因为5单位产量上他获得的利润46元（76元—30元），高于4单位产量上获得的利润42元（70元—28元），以及1、2和3单位产量上他获得的利润。

（2）无过错责任。法院不考虑侵权人是否有过错，只要构成侵权，就判决其承担赔偿责任时，侵权人将赔偿他造成的损失，于是他将获得他从事的行为带来的收益并承担注意成本和预期侵权可能赔偿的损失。相应地，侵权人为了自己净利润最大化，将选择最优的注意水平和最优的行为水平，这种行为水平是使他的净收益最大化的水平。同时，这种行为水平也不会太高。因为，随着行为水平的提高，侵权行为被发现的可能性就要大大提高，预期侵权赔偿额也会随之以较快的速度增加，增加的幅度要超过成本增加的幅度，这会使侵权人在较高行为水平时的净利润大大降低。因此，使侵权人净收益最大化的行为水平是一个相对较低的水平。由于这个水平相对较低，因此专利权人的损失也不会太大，其净收益也会维持在一个相对较高的水平。此时，侵权人和专利权人的净收益之和就会相对较大，接近或达到最高的社会总收益。我们的结论是，无过错责任会引导侵权人选择最优的注意水平和行为水平。在前面的例子中，承担无过错责任的侵权人会选择中等水平的注意程度，此时他将选择的行为水平是2单位产量，这也恰好是社会总收益最高值时的产量。

（3）过错责任。在过错归责原则下，如果法院选择的合理注意水平等于社会最优注意水平，侵权人会施加最优水平注意。由于侵权人施加了合理注意，他就不必为他所造成的损失承担赔偿责任，所以他也就不会考虑他的行为水平对侵权赔偿额的影响。结果，侵权人可能会从事过量水平的行为。具体地说，侵权人会选择行为总收益—生产成本—注意成本之后最大值的产量生产，而不会选择行为总收益—生产成本—注意成本—预期侵权赔偿额之后最大值的产量生产。这一点可以从前面的例子看出来。如果合理注意等于最优水平，即中等水平的注意，侵权人就会施加合理注意。因为在过错归责原则下，侵权人施加了合理注意就不承担赔偿责任，如表4所描述的。

表4 过错归责原则与行为水平

行为水平	行为总收益	生产成本	注意成本	过错责任下的净利润
1	24	10	4	10
2	48	18	4	26
3	60	24	4	32
4	70	28	4	38
5	76	30	4	42

从表 4 最后一栏可以看出，侵权人会选择 5 单位的产量，而不是最优行为水平 2 单位的产量。因为 5 单位产量上他们获得的净利润是最高的，而又不必承担赔偿责任。

为了使分析更加一般化，我们建立一个注意水平和行为水平共同作为决定专利侵权赔偿责任因素的模型。设 s 表示侵权人的行为水平，即生产、销售、进口、使用专利产品的数量，$s \geqslant 0$；$R(s)$ 表示侵权人在 s 水平上从事行为的总收益，$R(s) > 0$，$R'(s) > 0$，$R''(s) < 0$。总收益随着行为水平的提高以递减的比率增加，最终达到一个饱和的最高点 $s^{\vee}$，$s < s^{\vee}$，$R'(s^{\vee}) = 0$。$R^{\#}(s)$ 表示侵权人的行为水平为 s 时，专利权人的净收益。用 x 表示侵权人的注意水平，以施加注意的成本计量。假设，在过错归责原则下，侵权人的净利润等于行为总收益减去他的生产成本和注意成本。

$$\pi = R(s) - C(s) - x \tag{5}$$

这里，s 是专利产品产量、销售量、使用量或是专利方法的使用量，生产成本 C 是 s 的函数。设侵权人造成的预期侵权损失近似地等于 $sl(x)$。社会目标是使总收益最大化，也就是侵权人的净收益与专利权人收益之和最大化，以下式表示：

$$R(s) - C(s) - x - sl(x) + R^{\#}(s) = R(s) - C(s) - [x + sl(x)] + R^{\#}(s) \tag{6}$$

用 s^* 和 x^* 代表 s 和 x 的最优值，假设它们以及 $l(x^*)$ 都是正的。从（6）式右半侧可以明显看出 x^* 是使 $x + sl(x)$ 最小化的 x；因此 x^* 就是最优的 x。从（6）式右半侧还可以看出能使下式 $R(s) - C(s) - [x^* + sl(x^*)] + R^{\#}(s)$ 最大化的数值决定了 s^* 的值。因此，令该式等于 0 并求 s 的一阶导数，则 s^* 由下面表达式决定：

$$R'(s) = C'(s) + l(x^*) - R^{\#'}(s) \tag{7}$$

（7）式的含义是，行为水平增加的边际成本是生产成本的增加再加上预期侵权赔偿额的增加，然后再减去专利权人的边际收益。

下面，分析不同归责原则下侵权人的行为。（1）无归责原则。如果没有责任，侵权人的利润以（5）式表示，即 $\pi = R(s) - C(s) - x$，他会选择 $x = 0$，并且能够使 $R'(s) = 0$ 的 s，也就是说 $s = s^{\vee}$，达到饱和的行为水平。（2）无过错归责原则。在无过错归责原则下，由于侵权人要对他造成的所有侵权损失承担责任，因此他会选择能够使（6）式最大化的 s 和 x，也就是 x^* 和 s^*。（3）在过错归责原则下，假设合理注意水平 $x^{\#} = x^*$，无论侵权人选择什么水平的 s，他都会施加合理注意以避免承担责任。最后，侵权人将选择能够使 $R(s) - C(s) - x$ 最大化的 s，因此，s 由下式决定：

$$R'(s) = C'(s) \tag{8}$$

比较（8）式与（7）式，能够发现 $s > s^*$。这是因为，侵权人施加合理注意就可以避免承担赔偿责任，其增加行为水平的边际成本仅仅是边际生产成本，并不包括预期事故赔偿额的增加 $l(x^*)$ ，只要这一边际成本低于边际收益，侵权人就有增加行为水平的动力。

上面分析得出的结论与在前述例子中的结论是一致的。比较这三种归责原则，无过错责任可以激励侵权行为人施加社会最优注意水平并达到最优行为水平，过错责任虽然也可以激励侵权人施加社会最优注意水平，但是由于侵权人只要施加合理注意就不承担赔偿责任，所以侵权人的行为水平会达到一个较高的水平，而不是社会最优行为水平。同时，对法院来讲，过错责任下确定的合理注意水平必须等于社会最优注意水平，才能激励侵权人施加最优注意水平，但是法院通常没有能力合理地计算最优行为水平 s^* 与行为收益的特征 $R(\cdot)$ ，因此过错归责原则的诉讼成本要高于无过错责任。

四、结论

法院适用过错归责原则和无过错归责原则都可以激励侵权人选择社会最优注意水平，但是，适用无过错归责原则还能够激励侵权人选择社会最优行为水平，而过错责任则不能够激励侵权人选择社会最优行为水平且诉讼成本高于无过错归责原则。因此，法院在适用专利侵权归责原则时，一般应选择无过错归责原则。

但是，如上分析，适用无过错责任的一个前提条件是，如果侵权人施加了合理的注意就可避免侵权行为的发生，适用无过错责任仍然能够激励侵权人施加最优注意水平，只是法院在确定侵权责任时不考虑侵权人是否施加了合理注意，以节约信息成本。如果这个条件不成立，即使侵权行为人施加极高的注意水平也不可能避免侵权行为发生，那么无过错责任就不但不能激励侵权人达到最优注意水平，反而还会阻碍交易的顺利进行，降低社会福利水平。这种情况下，就需要法院确定一个合理的注意水平，只要达到了这个注意水平就可以免除赔偿责任，也就是说这时应当适用过错归责原则。

专利产品和方法千差万别，获得专利保护的有可能是整个产品，也有可能仅仅是产品的某个零件、部件、电路等等。以 DVD 播放机为例，一台播放机涉及的专利就有 1600 项之多❶。制造者在生产 DVD 机时，由于具备专业知识，施加适当注意能够避免侵犯专利权行为的发生，但是销售者、使用者就难以了解其销售、使用的产品的内部结构，不可能要求他们准确知道其销售或者使用的产品是否侵犯了某人的专利权。对于依照专利方法直接获得的产品，制造者当然知道是使用何种方法生产的，施加适当注意能够发现是否侵犯他人专利权，但是销售者、使用者根本不了解生产过程，不可能知道其是使用何种方法生产。因此，对销售者、使用者来讲，即使施加极高的注意，也不可能知道其销售、使用的产品是否侵犯了专利权，

❶ 尹新天．专利权的保护［M］．北京：知识产权出版社，2005：169.

而制造者则可以做到这一点。同理，进口商在进口产品时，了解产品的生产过程也是比较容易的事。因此，对于制造者、进口者来讲，应当适用无过错归责原则。对销售、使用者来讲，应当适用过错归责原则，只有违反了合理注意义务，才承担赔偿责任。一般来讲，销售者、使用者的合理注意义务是：能够证明其产品合法来源，就是说，只要销售者、使用者能够证明是从合法渠道购入的商品，就不应当承担赔偿责任。

参考文献

[1] ALAN CALNAN. Justice and Tort Law [M]. U. S.: Carolina Academic Press, 1997.

[2] DAN B. DOBBS. Torts and Compensation [M]. 2nd ed. U. S.: West Publishing Co, 1993.

[3] 黄少安. 产权经济学导论 [M]. 北京：经济科学出版社，2004.

[4] 魏建. 法经济学：分析基础与分析范式 [M]. 北京：人民出版社，2007.

专利相同侵权下现有技术抗辩制度反思

和育东 甫玉龙*

2008年《专利法》修改写入现有技术抗辩制度，鉴于《专利法》并未专门对等同侵权与相同侵权加以区分，现有技术抗辩应当适用于相同侵权和等同侵权。但是，将现有技术抗辩制度适用于相同侵权不符合专利制度的内在规律，仍有深入探讨的必要。

一、“被诉技术属于现有技术”的判断何以可能？

《专利法》第62条的现有技术抗辩的判断只需将被诉侵权技术与现有技术对比，[1]从而将被诉侵权技术对原告专利构成相同侵权还是等同侵权的区别搁置起来。问题是，倘若没有原告专利权利要求作参照，作出“被诉技术属于现有技术”的判断何以可能？

专利法“游戏规则”的核心在于权利要求，在对比技术方案时，一般至少一方的技术方案体现为权利要求，比如可专利性中的新颖性判断及创造性判断、重复授权中的“同样的发明创造”判断、优先权中“相同主题的发明创造”判断、单一性中“属于一个总的发明构思”判断、侵权判断等。反过来讲，权利要求这一技术工具正是在解决技术方案对比的难题中发展起来的。在专利制度早期，发明技术与现有技术的对比是依靠直觉来完成的。由于早期的专利只授给开拓发明，授予专利技术方案之间的对比依靠直觉是可以判断的；专利授予对象扩大到改进发明后，技术方案之间的对比靠直觉判断不够用了，于是逐步建立起说明书、权利要求这些判断工具。考虑到上述背景，《专利法》第62条提出的“被诉侵权技术属于现有技术”中对比双方都未必体现为权利要求，这样的判断是否意味着要颠覆以权利要求为中心的专利法规则的科学发展，倒退到400年前英国皇室与法院凭直觉判断的做法？

理论上讲，如果不以原告专利权利要求为基准，“被诉技术属于现有技术”判断是无解的。被诉技术体现为侵权人实施而成的被诉侵权物（产品或方法），现有

---

* 和育东：北京化工大学文法学院见习教授。甫玉龙：北京化工大学教授、文法学院院长，北京知识产权研究基地主任。本文受北京市哲学社会科学规划项目（10AaFX096）资助，曾发表于《法学杂志》2011年第11期。

技术的证据往往是审查员难以检索到的公知公用的实物（产品或方法），其次是书面技术方案，包括科技文献以及已经准确表达为权利要求的专利技术方案。下面分述之。

第一，若现有技术体现为实物，判断被诉侵权物是否属于现有技术就是要将实物与实物进行对比。从认识论上讲，如果分解得足够细，一件实物具有无数个技术特征，因此两件实物的技术特征在理论上不可能完全相同。如果没有外界参考标准来明确两件实物拥有多少共同技术特征算是“属于”，谈论一件实物在技术特征上“属于”另一件实物是没有意义的。实践中，法官在体现对被诉技术的实物与体现现有技术的实物对比时，必须以原告专利权利要求为参照标准，如果二者都落入原告专利保护范围，即构成“属于”。比如在汪瑞明诉翔宇公司“防伪铆钉”专利侵权案中，[2]被诉侵权铆钉在铆沿上端面有横排“金泉”二字，被告援引的现有技术铆钉在铆沿上压制有两个凸起的环。单纯就这两项技术方案比较，得出铆沿上有“金泉”二字的被诉技术“属于”铆沿上有“两个凸起环”的现有技术的结果是匪夷所思的。但原告专利权利要求为“一种防伪铆钉，所述铆钉由铆沿和铆体构成，其特征在于，所述铆沿上端面压制有凹凸部”。以此为参照，法院认为铆沿上有“金泉”二字和有“两个凸起环”都是“凹凸部”，因此被告技术“属于”现有技术。

第二，若现有技术为书面技术方案，其技术特征数量是有限的，与实物的情形有所不同。即便如此，孤立地对被诉侵权物是否属于现有技术加以判断同样是没有意义的，因为以不同专利权利要求为参照会得出不同的结论。假设被诉侵权技术包括 ABCDE 五个特征，现有技术包括 ABCFG 五个特征，倘若原告专利包括 ABC 三个特征，则被诉侵权技术“属于”现有技术；倘若原告专利包括 ABCD 四个特征，则被诉侵权技术“不属于”现有技术。进一步分析，如果不以原告专利为基准，以被诉侵权技术“属于”某项现有技术的判断未必能得出被告不侵权的结论。假设被诉侵权技术包括 ABCDE 五个特征，某项现有技术包括 ABC 三个特征，被诉侵权技术“属于”现有技术；而原告专利包括 ABCD 四个特征，被诉侵权技术仍构成专利侵权，这就出现以下三个关系并存的局面：被诉技术“属于”现有技术，现有技术不使原告专利无效，被诉技术侵犯原告专利。

最高人民法院将“属于”二字界定为“无实质性差异的”，并规定“被诉技术属于现有技术”判断实际上是“被诉落入专利权保护范围的全部技术特征，与一项现有技术方案中的相应技术特征”进行对比，❶ 从而将现有技术抗辩判断拉回到以原告权利要求为基准上来。如果被诉技术落入原告专利权利要求字面含义确定的范围，被告提出被诉技术“属于”某项现有技术，则该现有技术方案必然破坏原告专

❶《最高人民法院关于审理侵犯专利权纠纷案件应用法律若干问题的解释》（2009 年 12 月发布）第 14 条。

利的新颖性，这种相同侵权下现有技术抗辩实质上是以无新颖性为理由的无效抗辩，没有作为一项独立制度而存在的价值。如果被诉技术没有落入原告专利权利要求字面含义的范围但落入等同范围，同时属于某项现有技术，则被告既无法满足“不侵权抗辩”条件，其所援引现有技术也不能使原告专利无效即无法满足“无效抗辩”条件，这时法律赋予其提出现有技术抗辩的机会，就具有独立的制度价值。现有技术抗辩制度史也清楚地表明了这一点。

二、相同侵权下现有技术抗辩的历史演变

（一）从英国吉列抗辩看相同侵权下现有技术抗辩的性质

在历史上有用“反向侵权检测”（reverse infringement test）方法进行新颖性判断，即：在判断专利技术相对于某项现有技术是否具备新颖性时，可以从判断该项现有技术是否对该专利构成“侵权”入手；如果该现有技术对该专利构成“侵权”，则说明该现有技术破坏该专利的新颖性。这对应于专利法上的一句格言：“一项技术，如果晚于某项专利出现会构成侵权的话，倘若早于该专利出现就会构成预见该专利（即破坏该专利的新颖性）。”❶ 英国根据上述原理，发展出判例法上的“侵权不新颖”（infringement not novel）抗辩制度，即被告能够证明其被诉侵权物是在一项早已公开披露技术的基础上，没有经过任何实质性或可专利性的变化而作出的，而依赖该披露可以破坏原告专利的有效性，则被告抗辩成立。“侵权不新颖”抗辩的提法源自英国梅尔特勋爵（Lord Moulton）于1913年在吉列安全剃须刀公司诉盎格鲁-美丽坚贸易公司案，因此也称为“吉列抗辩”（Gillette Defence）。

吉列抗辩实质上是原告专利缺乏新颖性所致，英国法院并不认为它是一种独立的抗辩形态：“梅尔特勋爵并不是说‘侵权不新颖’这一抗辩是一种对侵权诉讼请求的独立抗辩事由，而是当被告既可以选择无效抗辩也可以选择不侵权抗辩时才可以使用的一种方式”。[3] 可见，吉列抗辩只有程序价值而没有独立的实体价值。另外，英国保留吉列抗辩有个重要的制度因素，就是英国不承认等同侵权。相比之下，在对等同侵权与相同侵权加以区别的美国、德国，历史发展的结果是将现有技术抗辩只保留在等同侵权的范围内。

（二）美国、德国对相同侵权下现有技术抗辩的否弃

美国对相同侵权下现有技术抗辩的态度发生了从有限承认到不承认的变化。在历史上，美国联邦最高法院允许相同侵权下现有技术抗辩的范围仅限于被告受法律限制不得提起无效抗辩的情形，包括根据“转让人禁反言”原则不得提起无效抗辩，以及作为专利被许可人与原告专利权人之间订有不反驳条款合同的“被许可人禁反言”两种情形。1969年，美国最高法院在里尔（Lear）案判决中撤销了被许

❶ 英文原文为：“that which infringes，if later，would anticipate if earlier.”

可人禁反言规则，[1] 允许相同侵权下现有技术抗辩只剩下被告受转让人禁反言所限制的情形。1995 年，联邦巡回上诉法院对巴克斯特（Baxter）案的判决完全确立了现有技术抗辩不适用于相同侵权的规则。[2]

德国历史上对权利要求的解释具有柔性的中心限定论，对专利保护范围的确定在很大程度上依赖于现有技术，现有技术自然地构成对专利保护范围的限制和屏障，为现有技术抗辩适用于等同侵权提供了广阔的空间。与美国相似的是，在 1941 年前由于德国法律规定了请求宣告专利无效的 5 年除斥期间，因此法院允许相同侵权下的现有技术抗辩，但 1941 年取消该限制后的德国判例否弃了相同侵权下的现有技术抗辩。

德国、美国不仅在权利要求解释理念上大相径庭，而且在无效与侵权管辖上有双轨制与单轨制的区大差异，但都不允许相同侵权下的现有技术抗辩，将现有技术抗辩局限于像禁止反悔原则那样的对等同侵权的抗辩，而不是提升到与不侵权抗辩并肩的一种独立抗辩形式，表明相同侵权下现有技术抗辩是被专利法历史逐步淘汰的制度。

三、相同侵权下现有技术抗辩的弊端

从制度运行上看，相同侵权下现有技术抗辩的引入存在以下弊端。

第一，混淆了现有技术抗辩作为权利抗辩的性质。既然现有技术抗辩并不挑战原告专利的有效性，即对原告请求权基础不加置疑，那么现有技术抗辩本质上应是权利抗辩而非事实抗辩，等同侵权下的现有技术抗辩正是如此。不同的是，相同侵权下的现有技术抗辩是无效抗辩，是对原告请求权基础提出质疑，其本质为事实抗辩中的权利障碍抗辩，而不属于权利抗辩。允许将相同侵权下现有技术抗辩包括在现有技术抗辩制度中，会使该制度的性质含混不清。

第二，引起执法不统一。我国实行专利局及专利复审委负责确权判断、法院负责侵权判定的管辖双轨制，形成一个基本格局是，专利复审委擅长判断可专利性，法院擅长判定侵权。引入相同侵权下现有技术抗辩实质上是由法院判定原告专利是否具有可专利性。比如佛山市中级人民法院在“一种浴缸”实用新型专利侵权案中，就以被告提交的多篇专利文献、公知常识、原告专利说明书中关于现有技术描述的技术特征拼凑在一起，认为被告产品所有的技术特征都属于现有技术而构成现有技术抗辩，其实质是推翻了原告专利的创造性。[3] 可专利性判断需要把握本领域技术人员水平，在我国没有设统一专利案件上诉法院的体制下，很难保证全国 74 家有权审理专利案件的法院能够掌握相同的可专利性标准。随着《专利法》的修

[1] *LEAR INC. v. ADKINS*，395 U. S. 653（1969）.

[2] *BAXTER HEALTHCARE CORP. v. SPECTRAMED，INC.*，49 F. 3d 1575（*Fed. Cir.*，1995）.

[3] 佛山市中级人民法院民事判决书，（2004）佛中法民三初字第 127 号。

订，各地法院新增加的第 62 条的援用必然急速膨胀，执法不统一的后果会在可以预期的将来出现。

第三，加重了专利权人在侵权诉讼中的证明责任。在等同侵权时适用现有技术抗辩，专利权人需要在证明被诉侵权技术落入专利等同范围的同时，还要证明被告提出的现有技术证据未落入专利等同范围，或者按照美国法官瑞奇（Rich）提出的“假想权利要求”方法证明被告提出的现有技术证据并没有破坏假想权利要求的可专利性，这只是增加了原告证明等同侵权成立的难度，但并没有增加新的证明责任。不同的是，相同侵权下现有技术抗辩将增加专利权人的证明责任：专利权人除了证明被诉技术落入专利权利字面保护范围内，尚需反证“被诉技术不属于现有技术”，而被诉技术是否属于现有技术本来与原告专利无直接关系。

第四，违反专利推定有效原则。专利权是经过行政审查程序授予的权利，与那些未经行政审查程序的一般财产权相比，专利权人更有理由相信其权利的有效性。如物权公示公信原则一样，专利权推定有效原则不仅意味着专利无效的举证责任在挑战者，而且要求任何人不得无视专利权的存在。允许相同侵权下现有技术抗辩意味着人们可以对落入专利权利要求这一事实视而不见，这有违推定有效原则。由于相同侵权下的现有技术抗辩实质上是专利无效，允许相同侵权下的现有技术抗辩就是允许被诉侵权人用现有技术抗辩代替无效抗辩，在遵守专利推定有效原则前提下，这意味着减轻了被告的证明责任。美国联邦巡回上诉法院在 2002 年判决的塔特（Tate）案中认为：被诉侵权人进行现有技术抗辩的证明标准是较为宽松的“优势证据”标准，而证明无效是“清楚而令人信服”标准，被诉侵权人无权选择现有技术抗辩的低证明标准来规避无效抗辩中的高证明标准。❶

第五，违反公众利益。设想被告按相同侵权下现有技术抗辩获得成功，本该无效的专利权仍然保持有效，专利权对世的排他效力仍然存在，结果是该瑕疵专利仍像保护伞一样罩着专利权人及其被许可人，他们仍然可以通过高定价获得专利垄断带来的市场利益，与以前不同的只是被告由于个案胜诉而可以分享该专利带来的市场利益。那些尊重该专利权的竞争者仍然会避免实施该专利而无法进入该垄断市场，专利产品的市场价格并未降低，公众并未因此受益。可见，以公众利益作为理由让提出相同侵权下现有技术抗辩的被告胜诉，只是保护了被告这一特定竞争者应得的利益，同时也保护了瑕疵专利权人不应继续享有的专利市场利益，从而损害了公众利益。专利侵权诉讼中的被告与原告在个案诉讼中是利益对立者，但被告往往也拥有专利，原告与被告作为市场竞争者都是专利制度的直接受益人，他们的利益根本上是一致的，认为侵权者代表了公众利益或者与公众利益一致、因而承认现有

❶ *TATE ACCESS FLOORS*, *INC. v. INTERFACE ARCHITECTURAL RECOURCES*, *INC.*, 279 F. 3d 1357 (2002).

技术抗辩就在维护公众利益的想法，不符合专利法原理。如果想保护公众利益免受瑕疵专利的损害，就应当让原告专利无效，迫使被告走无效程序而不是用相同侵权下现有技术抗辩程序代替之。

不仅如此，迫使被诉侵权人走无效程序还可以防止专利权人与被诉侵权人之间通过策略行为而损害公众利益。当专利权人意识到被诉侵权人援用的现有技术证据足以使其专利无效时，专利权人的最佳策略行为是撤回起诉或者与被诉侵权人和解，这对被诉侵权人也是有利的，他至少可以不支付许可费而继续实施原告专利，享受该专利形成的市场庇荫。无效程序中也有可能出现类似的策略行为：专利权人意识到无效申请人提供的证据足以使其专利无效时，专利权人“收买”专利无效宣告请求人撤回申请，但 2010 年修改后的《专利法实施细则》第 72 条增加依职权审查的规定；相比之下，法院无权阻止专利权人撤诉、和解等策略行为。还有，在侵权诉讼中由被诉侵权人提起无效程序时，专利权人收买被诉侵权人的交易成本高于未发生侵权诉讼时提起的无效宣告程序，因此在相同侵权时迫使被诉侵权人走行政上的无效宣告程序，相对而言发生策略行为的几率较小，有益于扫除瑕疵专利、维护公众利益。

第六，提高了制度运行成本。现有技术抗辩的初衷是让法院在发现被诉技术属于现有技术时不再考虑原告专利而作出判决，但实践操作上事与愿违。首先，如前文所述，试图抛开原告专利而直接对比“被诉技术是否属于现有技术”是无解的，因此法院要先以原告专利权利要求为基准抽象出被诉侵权物的相应技术特征，来确定“被诉落入原告专利保护范围的全部技术特征”。其次，如果一审法院未审查被诉技术是否落入原告专利保护范围，而仅按构成现有技术抗辩来判决，倘若二审法院推翻了一审法院构成现有技术抗辩的认定，会就被诉技术是否构成侵权发回重审，因此一审法院会为了避免发回重审，即使认定构成现有技术抗辩，也往往要完成对是否构成侵权的认定，以供二审法院直接改判用。再次，如果一审法院认定被诉技术落入了原告专利保护范围，自然要将被诉技术与现有技术进行对比来审查被告提出的现有技术抗辩是否成立；如果一审法院认定被诉技术没有落入原告专利保护范围，按理说无需审查现有技术抗辩是否成立，但实践中往往仍然要审查现有技术抗辩是否成立，因为倘若一审在认定没有落入原告专利保护范围后直接判决原告败诉，而二审认定落入专利保护范围，二审只能发回一审法院重新审查现有技术抗辩是否成立，一审法院为避免出现发回重审的结果，将现有技术抗辩是否成立一并作出事实认定，以供二审法院直接改判用。总之，现有技术抗辩并没有让一审法院走“捷径”而轻松，反而增加了审查负担，提高了制度运行成本。考虑到我国严格的司法审限制度，专利案件的审理时间比一些发达国家要短很多，审查负担的增加很有可能导致案件质量下降。

第七，破坏现有专利法规则的体系性。比如专利权人享受宽限期例外而在申请日前公开其技术，倘若侵权人都以此公开提出现有技术抗辩，宽限期制度将名存实亡。

四、我国引入相同侵权下现有技术抗辩的目的能否实现?

《专利法》第62条引入相同侵权下现有技术抗辩的一个重要目的，在于解决无效程序导致不堪重负的诉讼拖延问题。我国无效程序何以走到如此效率低下的境地，从历史看有两个原因：全面双轨制和司法审查。德国的双轨制仅限于发明专利，法院可以认定实用新型专利、外观设计专利无效；而我国在实行专利制度之初就对发明、实用新型、外观设计三种专利全面实行双轨制。我国《专利法》2000年修改后，对专利复审委员会决定的司法审查范围从对发明专利权的无效或维持决定扩大到实用新型和外观设计，加剧了专利确权上的循环诉讼问题。司法审查是应加入世贸组织要求而增设的，犹如打补丁时没有将底层清理干净，导致无效程序往往需要历经复审委、一审、二审等三道程序才能完成。既然如此，解决诉讼拖延问题应该对症下药，比如像日本那样破除双轨制、允许法院在审理专利侵权案件时就该专利是否"明显无效"作出判决，或者将复审委无效程序与司法一审程序合并来减少环节。通过引入相同侵权下现有技术抗辩来侵消双轨制或无效程序，长远来看会损害专利制度运作的机理，还无法根治无效程序的效率低下问题。如果说《专利法》第二次修改在无效程序上增加司法审查程序像是给专利制度打了一个补丁，引入相同侵权下现有技术抗辩则像是为解决无效程序低效问题而在旧补丁上打了新补丁。

总之，相同侵权下现有技术抗辩实际上是无效抗辩，对这一客观事实视而不见，并试图用相同侵权下现有技术抗辩来遮蔽它，无异于掩耳盗铃。如果说无效程序导致的诉讼拖延问题是压迫我们承认相同侵权下现有技术抗辩的最后一根稻草，正确的解脱方法是改革无效程序，而不是一味地打补丁。只有这样，专利法才能理性地前行。

参考文献

[1] 国家知识产权局条法司.《专利法》第三次修改导读［M］. 北京：知识产权出版社，2009.

[2] 张晓都. 现有技术抗辩的认定——以"防伪铆钉"实用新型专利侵权纠纷案为例［J］. 中国专利与商标，2007（2）：38－41.

[3] SIMON THORLEY，RICHARD MILLER，GUY BURKILL，et al. Terrell on the Law of Patents［M］. London：Sweet & Maxwell，2006.

专利权穷竭原则的扩张

和育东　孙　璐*

专利权穷竭原则是专利侵权抗辩的重要事由之一，本应在专利侵权抗辩中发挥很大的作用。但在我国专利侵权诉讼司法实践中，专利权穷竭原则很少适用。[1] 虽然《专利法》第三次修改扩张了专利权穷竭原则的效力，但仍然与现实需求有一定差距，有必要进一步扩张其适用范围。

一、专利权穷竭原则的适用要件

我国专利权穷竭原则经过 2000 年和 2008 年两次修正，其适用范围从“经许可制造的专利产品售出后的使用或者销售行为”扩张到“经许可制造、进口的专利产品或者依照专利方法直接获得的产品售出后，使用、许诺销售、销售、进口该产品的行为”。《专利法》第 69 条中规定，“专利产品或者依照专利方法直接获得的产品，由专利权人或者经其许可的单位、个人售出后，使用、许诺销售、销售、进口该产品的行为不视为侵犯专利权。”据此，我国专利权穷竭原则的适用有三个要件：

（一）“专利产品或者依照专利方法直接获得的产品”

这是专利权穷竭原则的适用对象要件。专利产品是指依照专利权利要求书中所描述的技术特征所生产出来的产品。

而所谓“依照专利方法直接获得的产品”，根据我国最高人民法院在 2009 年 12 月颁布的《关于审理侵犯专利权纠纷案件应用法律若干问题的解释》的第 13 条规定：“对于使用专利方法获得的原始产品，人民法院应当认定为《专利法》第 11 条规定的依照专利方法直接获得的产品。对于将上述原始产品进一步加工、处理而获得后续产品的行为，人民法院应当认定属于《专利法》第 11 条规定的使用依照该专利方法直接获得的产品。”因此，“依照专利方法直接获得的产品”是指“采用制造方法专利权利要求的全部技术特征而获得的原始产品”。

---

* 和育东：北京化工大学文法学院见习教授。孙璐：中投天琪期货有限公司职员，北京化工大学法学硕士。

[1] 笔者在北大法宝、中国知识产权裁判文书网搜集到一千多份判决书，其中只有几篇涉及专利权穷竭原则的适用，而在这其中只有 1/3 的案件专利权穷竭原则作为抗辩事由被法院所采纳。

（二）“售出后”

《专利法》规定专利权产品必须经“售出后”才能导致专利权穷竭，所谓“售出”，是指将专利产品或者部件的所有权从专利权或其被许可人转移到购买者手中，购买者支付相应对价给专利权人或其被许可人。这是因为专利权人或其被许可人通过“售出”专利产品已经获得在该产品上专利权的对价，所以不能再对专利产品的后续处理行为（如使用、销售、许诺销售等）进行限制。

（三）“使用、许诺销售、销售、进口该产品的行为”

这是规定权利权穷竭原则适用的行为要件。按照《专利法》的规定，专利实施行为包括“制造、使用、许诺销售、销售及进口专利产品或依照专利方法直接获得的产品”。根据2008年新修正的《专利法》第69条的规定，目前我国专利权穷竭原则所穷竭的不是专利权人的所有专利权能，所穷竭的只是就该专利产品除“制造”以外的“使用、许诺销售、销售及进口”权能。与修改前相比增加了“进口”，表明我国正式确立允许专利产品的平行进口。

关于“使用”的认定，根据《最高人民法院关于审理侵犯专利权纠纷案件应用法律若干问题的解释》第13条规定，对该原始产品“进一步加工、处理，使之发生物理、化学变化”进而获得后续产品的行为，不再属于依照专利方法生产产品的行为，而是使用“依照专利方法直接获得的产品”的行为，仍然可以适用专利权穷竭原则。

二、专利权穷竭原则司法适用中的扩张解释

专利权穷竭原则在司法适用中，前两个要件往往被扩张解释。

（一）要件一扩张至“专利产品部件”或“专门用于实施专利方法的设备”

“专利产品部件”是指未能覆盖全部专利技术特征而为了制造最终专利产品的零部件，系专利产品的组成部分。按照《专利法》的规定，专利产品部件既然没有覆盖专利全部权利要求，就不符合《专利法》第69条的字面规定。但已有法院对此要件进行了扩张解释，提出“专利产品部件”的销售也可以产生专利权穷竭。2001年颁布的《北京市高级人民法院专利侵权判定若干问题的意见（试行）》第95条规定：“专利权人制造或者经专利权人许可制造的专利产品售出后，使用或者再销售该产品的行为，不视为侵犯专利权。包括：(1) 专利权人制造或者经专利权人许可制造的专利产品部件售出后，使用并销售该部件的行为，应当认为是得到了专利权人的默许；……”这一规定已经为司法界接受。

以 2006 年判决的陈永江诉湖南金信化工有限公司等专利侵权纠纷案[1]为例，长沙市中级人民法院认定专利权人制造或者经专利权人许可制造的专利产品部件售出后，使用并销售该部件的行为导致专利权穷竭。该案原告陈永江系西安交通大学退休教授，其发明的压缩机的改造技术被授予国家专利。1991 年西安交通大学（项目负责人陈永江）分别与被告华西公司、兰空公司签订合同，许可华西公司和兰空公司使用西安交通大学的专利技术改造大型 H22III－165/320 型氮氢气压缩机。两公司有单独与用户签订加工改造合同的权利，其与用户签订合同的原件寄给西安交通大学并告知原告；合同的总费用中有 10％是用户付给西安交通大学的专利费用。被告金信公司分别与华西公司、兰空公司签订了《技术服务合同书》，约定由华西公司、兰空公司经西安交通大学陈永江教授许可，获得 H22III 机技术改造专利许可，为金信公司提供两台 H22III 机的技术改造服务。2001 年和 2004 年金信公司分别与被告兰空公司、华西公司签订“工矿产品订货合同”，由兰空公司加工改造两台压缩机，由被告华西公司加工改造一台压缩机。原告诉称，“被告金信公司采取肢解原告专利的方式，只订购原告专利技术中的四个关键部件，用原告的技术改造三台压缩机，以回避合法使用原告专利时必须缴纳的专利使用费的行为构成侵权。”但法院经审理认为，“被告金信公司与被告华西公司、兰空公司分别签订产品订购合同，购买的产品部件为原告专利技术产品部件；被告兰空公司、华西公司对原告的专利产品除享有使用、加工、改造权利外，在告知原告的前提下，还有单独与用户签订合同销售的权利。被告金信公司作为需方与被告兰空公司、华西公司签订了购销合同，被告兰空公司、华西公司又是合法生产销售三级汽缸组件、四级汽缸组件等部件，故被告金信公司的改造压缩机行为并不构成对原告的专利权侵权，因为原告陈永江的专利权已经用尽。”

2001 年北京市高级人民法院颁布的《专利侵权判定若干问题的意见（试行）》第 95 条还将专利权穷竭原则的适用对象要件扩张到“专门用于实施专利方法的设备”，规定“制造方法专利的专利权人制造或者允许他人制造了专门用于实施专利方法的设备售出后，使用该设备实施该制造方法专利的行为”不视为侵犯专利权。这样的设备除了用于实施专利方法没有其他的用途，而且专利方法也实质上体现在设备的使用步骤之中，如果仍需获得相关方法专利权人的许可才能使用设备的话，有失公平。

我国司法实践中对专利权穷竭原则的扩张解释并非特立独行。美国法院对专利权穷竭原则的适用范围也扩张到专利产品部件或方法专利设备的销售，但与我国相

[1] 陈永江诉湖南金信化工有限公司、西安市兰空航空设备有限责任公司、四川简阳华西技工贸易发展公司专利侵权纠纷案［EB/OL］．［2010－04－25］．http：//ipr.chinacourt.org/public/detail _ sfws.php? id＝4080.

比，给予了一定的限制条件。综合 Univis、❶ Cyrix、❷ Quant❸ 等美国专利权穷竭的典型判例，美国专利权穷竭原则扩张适用到专利产品部件要求具备以下条件：

第一，已售专利产品或者部件包含了所穷竭专利的实质性技术特征（ essential features ），所穷竭的专利可能是产品专利或者使用、获得产品的方法专利。在 Quanta 案中，最高法院在判决中阐述道，“一般情况下出售实施专利 A 的设备并不能穷竭专利 B，但是如果这个设备在实施专利 A 的同时实质上包含了专利 B，那么穷竭专利 A 的同时也穷竭了专利 B。”❹

在 Cyrix 案中，法院对“实质性技术特征”的界定是足以区别于现有技术；有学者认为实质性技术特征（essential features）就是具有专利性的显著特征（patentable distinct features）。笔者以为，“实质性技术特征”应当是足以区别现有技术、并且可以反映该专利的预期效果的技术特征。

第二，已售产品或者部件不具有其他非侵权用途（noninfringing uses）。如果一个产品或者部件还具有其他用途，购买者可能将该产品或者部件移作他用，不涉及该产品专利或者关联的方法专利，因此这种情况下不能认定销售该产品或者部件就能够穷竭产品专利或关联的方法专利。

在以 Univis 案为代表的一系列案件的判决中均体现了这一条件。但对于“合理的非侵权用途”的判断标准是什么，Univis 案并没有提及；在 Cyrix 案中，法院给出了一个“商业上可行”（commercially viable）的标准。法院指出，所谓“商业上可行”，指的是“通过销售产品获得利润并且能够维持该业务的持续和发展；而利润指的是生产和销售之间的差价”。然而，这一标准在 1999 年 *Glass Equip v. Besten* 一案中被联邦巡回法院否定，❺ 联邦巡回上诉法院认为“商业上可行”的标准对专利权人而言过于严格，专利权人只要证明“非侵权用途”是“合理的”、“可能的”就可以了。体现在具体诉讼过程中就是，专利权人举出一些可能存在的非侵权用途，再由被控侵权人举证予以反驳。

（二）“售出”扩张解释为“转让”

根据《专利法》的规定，只有经“售出”的专利产品才能穷竭专利权。但有时产品或者部件不是售出，而是由专利权利人免费提供的，该产品或部件的转让同样会导致专利权穷竭原则的适用。我国有的法院在司法实践中就对“售出”进行了扩张解释，认为只要产品或者部件经合法“转让”就能导致专利权穷竭。

在 2005 年龙年电子（深圳）有限公司（以下简称“龙年公司”）诉广东科龙冰

---

❶ *UNITED STATES v. UNIVIS LENS CO.*，316 U.S. 241，62 S. Ct. 1088.

❷ *CYRIX CORP. v. INTEL CORP.* 846 F. Supp，522，540（E.D. Tex 1994）.

❸ *QUANTA COMPUTER，INC. v. LG ELECTRONICS，INC.*，128 S. Ct. 2019，170 L. Ed. 2d 996.

❹ *QUANTA COMPUTER，INC. v. LG ELECTRONICS，INC.*，128 S. Ct. 2019，170 L. Ed. 2d 996.

❺ *GLASS EQUIPMENT DEVELOPMENT，INC. v. BESTEN，INC.*，174 F. 3d 1337（1999）.

箱有限公司（以下简称“科龙公司”）侵犯专利权纠纷一案中，[1] 法院就曾认定“赠送”的专利产品也可以导致专利权穷竭。在该案中，科龙公司从龙年公司购买了3台包含龙年公司实用新型专利的冰箱样机，龙年公司又免费向科龙公司提供了一台冰箱样机。2003年10月，龙年公司通知科龙公司返还该4台样机，但科龙公司已经将这4台样机赠送给客户使用；龙年公司又发现科龙公司的宣传册上印有被控冰箱图片，故向法院起诉科龙公司生产、销售侵犯其专利权的冰箱。科龙公司在答辩中否认其生产、销售侵权冰箱，指出涉案4台冰箱是从龙年公司购买及龙年公司免费提供的；科龙公司将这些冰箱提供给客户使用，及宣传册上印有涉案冰箱的行为属于《专利法》第63条之一规定的不视为侵权的行为（2000年《专利法》的条款）。一审法院认为：因产品是龙年公司生产并销售、转让给科龙公司的，科龙公司不存在生产销售侵权产品的行为；而科龙公司将少量样品提供给客户使用及将产品资料印刷在宣传册上的行为属于许诺销售。根据当时《专利法》第63条之规定，“许诺销售”专利产品的行为不视为侵犯专利权，故判决科龙公司不构成侵权。虽然二审的时候因龙年公司的专利无效导致案件直接被判决驳回上诉，但一审法院适用专利权穷竭原则进行了判决仍值得我们探讨。

法院之所以作出如此判决，笔者认为有如下几个原因：（1）冰箱是由专利权人龙年公司自己生产的；（2）冰箱是经专利权人同意免费提供给科龙公司的，龙年公司是自动放弃了其获得回报的权利，这种放弃，仍然应当视为专利权人的利益已经获得了回报。（3）从所有权的角度看，冰箱的所有权已经由龙年公司转让给科龙公司。这样，科龙公司获赠的那台样机也符合了专利权穷竭原则的适用要求。因此，笔者认为，如果经许可生产的专利产品是由专利权人或经其许可的个人赠送给他人的，那么对于该赠品依然适用专利权穷竭原则，受赠人对专利产品的处置不受专利权的限制。除了赠送的专利产品，专利权穷竭原则同样也应当适用于免费发放的专利产品。

三、专利权穷竭原则扩张的立法建议

作为一个制造业大国，我国对专利权穷竭原则加以扩张解释有利于产业发展。以2004年中国DVD生产企业与DVD 3C联盟和6C联盟的专利费纠纷为例，倘若能很好地运用专利权穷竭制度，可以抵御国际专利联盟的过分要求，比如购买了DVD核心部件之后，涉及整机的专利权应当穷竭。具体到专利权穷竭的规则，本文建议在《专利法》第69条第1款中的“售出”改为“转让”，即“专利产品或者依照专利方法直接获得的产品，由专利权人或者经其许可的单位、个人转让后，使

---

[1] 龙年电子（深圳）有限公司诉广东科龙冰箱有限公司侵犯专利权纠纷案［EB/OL］．［2010－04－25］．http：//ipr.chinacourt.org/public/detail_sfws.php？id＝4080.

用、许诺销售、销售、进口该产品的行为不视为侵犯专利权”，并增加如下两款：“包含产品专利或者使用该专利产品的方法专利的实质性技术特征的专利产品部件，若除了实施该产品专利或方法专利之外没有其他用途，该专利产品部件经专利权人或者经其许可的单位、个人转让后，使用、许诺销售、销售、进口该产品的行为不视为侵犯专利权。

制造方法专利的专利权人制造或者允许他人制造的专门用于实施专利方法的设备转让后，使用该实施专利方法的行为不视为侵犯专利权。”

专利实验使用侵权例外研究

范晓波　孟凡星*

专利制度的根本目的是鼓励发明创造，促进科学技术进步和社会经济发展。专利法赋予权利人对其专利技术的合法垄断权以激励发明创造。权利人可以独占性地实施或处分其专利，其他人未经专利权人许可，实施其专利，即构成侵权。但是如果片面强调专利权人的绝对垄断权，而忽略社会公众一定范围内自由接近和利用专利技术的权利，无疑将损害专利制度的根本目标。因此专利权的实施需要受到一定限制。我国《专利法》第 69 条规定了五种不视为侵犯专利权的情形，即属于对专利权的限制。其中第 4 项规定，专为科学研究和实验而使用有关专利的，不视为侵犯专利权。该项规定被简称为实验例外。当前高等学校和科研院所是我国重要的创新源头，其专利申请、授权数量不断增长，大量的专利技术在生产实践中得到应用。在高校和科研机构产生新技术的过程中，往往也在研究和实验中利用了他人已获得专利权的技术，而这种利用专利的行为通常被认为是《专利法》规定的实验使用例外，不构成侵犯专利权。但是《专利法》并未明确实验使用的主体、目的以及使用方式。是否任何主体无论基于何种目的，何种方式利用专利技术进行实验，都属于该条所指的不视为侵犯专利权的行为？对此很有必要通过研究，澄清认识，并进一步完善我国的专利实验使用制度，以最大限度地促进创新。

一、美国专利实验例外原则的适用

（一）美国专利实验例外原则的起源

在美国，实验使用他人专利等行为的侵权豁免原则是通过判例法形成和发展起来的，在《专利法》等成文法中并无相关规定。1813 年由 Story 法官审理的 *Whittemore v. Cutter* 案，是实验使用侵权例外原则的起源。本案被告 Cutter 先生在未经原专利权人授权的情况下，制造被告所设计的扑克牌制造机器，以验证该机器是否真具有原设计者所称的功效。原专利权人随后对被告提起专利侵权诉讼。Story

---

* 范晓波：北京化工大学文法学院副教授。孟凡星：北京化工大学文法学院工作人员，北京化工大学法学硕士。本文受北京哲学社会科学规划办公室研究基地重点项目资助，曾发表于《知识产权》2011 年第 2 期。

法官认为，虽然本案事实中的某些行为的确落入了权利范围内，然而，立法目的不是为了惩罚一个仅仅为了进行哲学性实验（philosophical experiment），[1] 或是为了要确证该机器能够产生其所描述效果的充分性而制造机器的人。他第一次明确提出，仅仅是为了哲学性实验目的，为了确认专利是否能产生其所描述之效果，而使用专利，不构成专利侵权。[2] 该论断成为美国司法体系认知实验使用行为的开始，在以后的学术著作中被广泛引用。在 *Sawin v. Guild* 案中，Story 法官针对实验使用做了进一步阐述。他指出，制造、使用、出售受专利权保护的机器，若要构成专利侵权行为，必须是在实行上述行为时以营利为目的，而非仅仅为了哲学实验或确认专利说明书中所记载的真实性及正确性所作出的行为。简言之，利用专利的行为必须具有侵犯专利权和剥夺权利人对其发明所享有的合法收益的意图。[3]根据 Story 的见解，营利目的是区分未授权的制造和使用专利技术是否侵权的标准。这种行为将本属于专利权人的利益转移给了被控侵权人。因此，那些并未剥夺专利权人合法利益的使用行为不应认定为侵权。

（二）美国专利实验例外原则的发展

Story 法官所确立的实验例外原则获得了广泛的认同并成为一项法律准则。但是该准则却只在为数不多的案件中得到应用并作出了有利于被告的判决。例如 *Ruth v. Stearns-Roger* 案[4]中，被告 Stearns-Roger 制造公司是一个零件供应商，其客户购买其零件后生产侵犯他人专利权的机器，地方法院认定被告与其客户的行为构成共同侵犯他人专利权。客户之一是科罗拉多州矿业大学，该校在实验室中用这些有争议的机器分离矿物。法院认定，该校使用争议机器是为了实验，制作或使用受专利保护的发明，如果仅以实验为目的，没有任何剥夺专利权人利益的行为，不构成专利侵权。[5]

而在多数以实验例外为抗辩的案件中，法院严格适用纯粹以娱乐、好奇、理论探究为目的的实验例外原则，只要使用专利的行为有商业意图，就排除该原则的适用。例如在 *Deuterinm Corp v. United States* 案中，美国能源部与民间企业合作，共同对原告就清除地热中硫化氢成分之专利技术进行测试，以评估该技术之可行性与商业效益。法院认为若被告之测试成功，将会进行更广泛之商业应用，被告测试行为显系着眼于未来的商业利用，与单纯追求理论科学的研究或基于娱乐消遣之情

---

[1] “it could never have been the intention of the legislature to punish a man, who constructed such a machine merely for philosophical experiments, or for the purpose of ascertaining the sufficiency of the machine to produce its described effects.” 许多权威人士证实在 Story 法官的年代，“philosophical”（哲学的）一词的意思是“scientific”（科学的），因此哲学性实验即科学实验。

[2] *WHITTEMORE v. CUTTER.*，29F. Cas. 1120，1121（C. C. D. Mass. 1813）.

[3] *SAWIN v. GUILD.*，21 F. Cas. 554（C. C. D. Mass. 1813）（No. 12，391）.

[4] 该案是美国地方法院第一次对学术机构适用实验使用例外原则。

[5] *RUTH v. STEARNS-ROGER MFG. CO.*，13F. Supp. 697（D. Colo. 1935）.

形不同，因此无法主张实验例外。在 *Embrex v. Service Engineering Corp.* 案中，原告系一项方法专利的权利人，该方法能够在小鸡孵化前，将禽流感的疫苗注射在鸡蛋中的特定区域，使孵化出来的小鸡能够对禽流感具有免疫力。被告有兴趣制作卵内注射设备，在原告拒绝授权的情况下，开展回避设计研究。被告自行生产了另一种接种卵细胞的机器，为了确认本身机器的功效，进行了一项测试，以原告公司的专利方法作为对照。原告诉其侵犯专利权。被告主张对原告的专利方法的测试是科学实验，并且也没有因此产生任何的销售，因此对原告公司的伤害是可以忽略不计的，且其行为应适用实验例外原则。法院指出，被告的实验行为隐藏不了商业使用的目的，即使将商业目的伪装在科学追求的外衣下，仍然不能使其行为获得豁免。❶

在 *Madey v.* DuKe University 案中，实验例外的严格适用得到了最充分的体现。原告 John M. J. Madey 1980 年间任教于斯坦福大学，后转任至杜克大学物理系，并将其自由电子激光器实验室从斯坦福大学迁移至杜克大学。在斯坦福大学任教期间，Madey 获有两项个人专利，专利技术应用于该实验室中的仪器设备上。1997 年 Madey 被该校免除实验室主任一职后，辞职离开了杜克大学，但该校仍继续使用实验室及仪器设备，Madey 于是提起专利侵权诉讼，杜克大学则以实验例外进行抗辩。一审法院支持了杜克大学的主张，认为杜克大学为非营利学术机构，致力于教学、研究及知识传播，并不追求对研发成果的专利申请及商业应用。判定原告未尽举证责任证明被告之行为具有商业性意图。❷ 联邦巡回上诉法院认为，普通法规定的实验使用例外原则的适用条件严格，只要使用行为具有商业性的嫌疑，就不符合该原则的适用条件。研究型大学通常会主张其研究目的仅限于学术研究，不涉及商业推广，但毫无疑问，他们的研究行为对其现有事业活动有明显的促进作用，包括教育及学生的共同参与。此外，这些大学的研究项目也能提高学校学术地位，吸引更多的经费资助、学生及教师。上诉法院认为，一审法院过度强调杜克大学之非营利、教育性质，忽略了大学研究行为是为了维持既有事业活动。不管非营利机构从事的研究活动是否具有商业营利目的，只要该行为能促进既有事业活动，且不是单纯为了消遣娱乐或满足好奇心，或单纯为了理论探究，该行为就不能适用实验使用例外原则。❸ 本案判决结论于 2003 年美国联邦最高法院驳回杜克大学上诉而告确定。该案对实验例外原则的适用产生了重大影响。法院对“利益”的外延认定得更为宽广，不仅包括现实的利益还包括潜在的利益，将实验对使用主体的社会地位的影响也认定为实验主体获得的利益。法院这种认定方式导致了对实验例外原则的适用更为困难，所以在之后的司法实务中引用此原则获得成功豁免的情况鲜

---

❶ *EMBREX INC. v. SERVICE ENGINEERING CORP.*，216F. 3d 1343（2000）.

❷ *MADEY v. DUKE UNIVERSITY.*，307 F. 3d 1351（Fed. Cir. 2002）.

❸ 266F. Supp. 2d 420，428.

有发生。

Duke 案之前，多数美国大学的研究者都认为只要他们的行为被界定为研究而非商业化，他们就可以得到专利侵权责任的豁免。Duck 案的判决结果造成美国学术界及非营利机构极大的震撼。因为美国许多大学、研究机构都会与政府机构或业界合作，共同研发技术。在此之前，大多数人均认为学校此类属于非营利性质之学术机构，得免费使用他人专利以执行研究计划是理所当然的事，之后他们将不得不先取得授权并支付一笔权利金，否则将可能面临诉讼威胁。❶ Duke 案的判决无疑是向大学或非营利机构的研究者及管理者发出的警告。该案也引发了许多人的强烈反对。1990 年美国国会提出一项名为“专利竞争力与技术法”之提案，以放宽实验例外之适用范围，该法案于第 4 条中规定：“仅为了研究或实验目的，而制造或使用他人发明专利，应不构成侵权行为，除非该发明本身之主要目的即在作为研究或实验之用。若发明本身之主要目的是为了供研究或实验之用，制造、使用该发明，以研究、评估、确认该发明，或产生该发明所属技术领域外之产品时，应不构成侵权行为”。该法案后因知识产权利益团体反对而未获通过，目前美国普通法上之实验例外仍采取最严格狭隘之解释。❷

二、欧洲国家及日本专利实验例外原则的立法与司法适用

欧洲国家相对于美国更倾向于支持实验例外原则。1975 年欧共体各国为整合欧共体专利实体法共同起草了《共同体专利公约（草案）》，该草案第 31 条对实验例外做了如下规范，“共同体专利之效力不及于：为实验目的而利用系争发明专利之内容。”❸ 该规定实际上将专利实验使用分为两类情形，一是以专利技术本身作为研究对象的实验使用，一是以专利技术作为研究工具的实验使用。并明确了只有行为人利用该发明专利作为研究对象的实验行为，才能豁免侵权责任。虽然《共同体专利公约》目前尚未生效，但是包括德国、法国、英国、意大利、荷兰、比利时、卢森堡、爱尔兰、希腊等许多欧盟会员国的国内专利法，都采纳了该公约的精神和相关规定，包括该公约第 31 条实验例外的规定。❹

德国 1968 年专利法没有关于实验性使用的专门规范。其第 6 条规定，“专利的效力及于专利权人所享有的以下权利，为营利目的生产、上市销售、供给或使用专利标的物。”根据该规定，对于实验性使用，如果没有商业目的，就可以适用侵权豁免。1981 年德国对其专利法进行了修改，其第 9 条“专利的效力”不再使用

❶ 孙小萍．处方药产业的法律战争——专利侵权之学名药实验例外［M］．台北：元照出版社，2008：70.
❷ 孙小萍．处方药产业的法律战争——专利侵权之学名药实验例外［M］．台北：元照出版社，2008：129.
❸ Article 31 of the CPC (1975)："The right conferred by a Community patent does not extend to：Acts done for experimental purposes relating to the subject matter of the patented invention."
❹ 孙小萍．处方药产业的法律战争——专利侵权之学名药实验例外［M］．台北：元照出版社，2008：91.

“营利目的”的概念规范专利权人的权利，而是在第 11 条“专利效力的限制”第（1）款中使用了营利目的的概念，即“专利的效力不及于在私人领域，无营利目的的行为”。在其第 11 条第（2）款规定了“实验使用例外”，即“专利的效力并不及于出于实验目的而利用涉及专利内容的行为”，该款与第（1）款不同，没有“营利目的”的字样。由此推断，新的法律条文将不再使用“营利目的”规范实验行为，营利目的已经不再是判断实验行为是否可以适用实验例外原则的标准。❶ 即便实验行为具有营利目的，只要符合一定条件，同样可以适用实验例外原则。该款规定还明确了实验使用必须以专利发明为研究对象，如果将专利发明作为实验工具使用，那么就侵犯了他人专利权。

与其立法的变迁相适应，德国司法机关早期将实验行为是否带有“营利目的”作为其是否能够适用实验使用例外原则的主要判断依据，其根本出发点，是通过赋予专利权人可以垄断实施带有“营利目的”的行为获得经济利益的特权来回报其之前实施的技术创新行为；而对于专利权的社会效益——促进科学技术发展和实现社会整体福祉则采取兼顾的态度。随着 1981 年专利法实验例外规范的实施，司法机关也逐渐从“只要对专利权人的垄断权进行全方位的保护，就可以达到鼓励技术进步，提升社会福祉的目的”的观点，转变到“通过鼓励全社会的研究发明积极性，来促进社会科学和技术进步”。司法判决重点已经从最初的严格限制实验性使用豁免原则转变到宽松适用实验性使用豁免原则，从最初否定营利目的的实验转变到肯定这种实验。❷判断实验行为是否专利侵权的关键点在于该实验是否是对科学知识的进一步探究，如果实验的部分目的是旨在获取进一步的科学知识，则不管该实验是否带有商业目的，都不视为侵权。根据德国相关司法判例，实验使用例外主要适用于：目的系为确认发明可实施与否或技术利用的可能性；为证明发明的缺陷或瑕疵所进行的试验；为了解发明进步性所进行的试验；为了测试受专利保护设备或方法专利的可用性；为了改善系争发明的试验行为；为了寻求专利回避所做的试验。❸ 适用实验例外的限制条件为：实验本身与专利技术知识无关、根据实验的目的进行实验的范围不再具有正当性、进行试验的目的在于扭曲或阻碍专利权人销售其产品。❹

《英国专利法》第 60 条第 5 款 b 项规定，进行与该发明内容有关的实验行为，不作侵害论。该项规定并未设置非以营利为目的的条件。而在本条第 5 款 a 项规范

---

❶❷ 姚颉靖，彭辉．试验性使用豁免原则的变迁——德国的立法和司法裁判评介［J］．武汉科技大学学报，2009（6）．

❸ 参见：李素华撰写的《专利权之效力限制与试验免责》［G］//专利法制发展学术研讨会论文集．［出版者不详］，2004：27

❹ 周明．侵权例外研究［D］．华中科技大学，2007：27.

私人使用专利的行为时，明确了不能以营利为目的。❶ 这表明了立法者对实验使用是否有以“营利目的”作为享受侵权豁免的条件的态度。英国法院在审理专利侵权案件时，对实验使用例外适用的条件做了较为宽松的解释，并且认为虽然非商业研究最终都要应用到实践，即进行商业化生产，但是在符合某些要求的条件下，这些研究行为可以适用实验例外原则，不构成专利侵权。但是，法院认为，使用他人专利技术测试或证明其他产品或方法的行为，不适用实验例外原则，因为这些行为与专利发明本身并无关系。❷

日本特许法第 69 条第 1 款规定：专利权的效力不及于为实验或者研究而实施该专利发明之行为。该规定并未明确实验使用行为系以专利技术作为研究对象还是作为研究工具。依日本学者通说认为，为调查可专利性之目的、调查功效性之目的，以及为创新或改良之目的所进行之实验或研究，均属于该条所允许之范围，尤其是第三种为创新或改良的实验或研究，最符合实验例外条款之精神，因为其最有助于促进科技知识之发展。❸ 其实验使用例外原则要求，使用专利的目的是为了实验或研究，不应带有营利目的。而将适用专利产品进行实验，即将专利作为研究工具使用的行为，排除使用该原则。❹ 关于行为主体的性质，日本专利法未进行明确限制，只要行为人是为了实验目的而进行研究，不论其是非营利机构，还是营利机构。

综上，德国、英国等欧洲国家以及日本实行相对宽松的实验例外原则。它们对实验行为的主体、目的并无过多的限制，没有将以营利为目的的实验使用行为排除在外。一般来说，只要实验行为系以专利技术作为研究对象，即便该实验有营利目的，也可以适用该原则。

三、对我国专利实验例外原则适用的思考

以上国家的立法和司法实践表明，专利实验使用例外原则在不同的国家存在不同的适用范围和认定标准。美国通过判例发展出了以是否有营利目的为判断标准的，适用条件非常严格的实验例外原则。德国等欧盟国家以及日本则以使用方式为标准实行相对宽松的实验例外原则。我国《专利法》第 69 条第 4 项规定，专为科学研究和实验而使用有关专利的，不视为侵犯专利权。该规定并未明确实验使用的

---

❶《英国专利法》第 60 条第 5 款 a 项与 b 项的规定原文如下：(5) An act which, apart from this subjection, would constitute an infringement of a patent for an invention shall not do so if (a) It is done privately and for purposes which are not commercial; (b) It is done for experimental purposes relating to the subject-matter of the invention。

❷ ANNA MCMINN. An Improper Expansion Beyond the Legislative Intent [J]. Albany Law Journal of Science&Technology, 2006.

❸ 吉藤幸朔. 特许法概说 [M]. 12 版. 日本：有斐阁，1997：451. 转引自：孙小萍. 处方药产业的法律战争——专利侵权之学名药实验例外 [M]. 台北：元照出版社，2008：132.

❹ 吉藤幸朔. 专利法概论 [M]. 宋永林，魏启学，译. 北京：专利文献出版社，1990：418.

判断标准或适用条件。如何对该规定进行解释，我国应借鉴美国模式抑或德国模式？本文认为，实验例外适用的标准应适合本国国情，标准过低，范围过大的豁免将会使专利权人的利益受到不合理损害，并进而削弱发明创造的积极性。适用标准过高，公众对知识的合理获取和利用的权利受到损害，也有违专利法的立法目的。只有在明晰专利实验例外原则的立法目的和理论基础，并充分考虑我国国情的前提下，才能作出最有利于创新和发展的选择。

（一）以专利技术为研究对象的实验使用应适用侵权例外原则

专利制度通过赋予专利权人对其发明创造一定时期的利用收益的专有权，激励发明创造，促进技术进步。如果专利权不能得到有效保护，将挫伤发明人的创造积极性，并最终使专利制度的目标无法实现。因而专利侵权例外规则的设计，必须以不损害专利权人的正当利益为前提。TRIPS 第 30 条对此确立了基本准则：“各成员可对专利所赋予的专有权规定有限的例外，只要此例外不与专利的正常利用发生不合理的冲突，也不会不合理地损害专利所有人的正当利益，但应考虑第三方的正当利益。”因此，各国规定专利权例外的根本条件是对专利的使用不得不合理地损害专利权人的利益。这也是专利实验例外应当遵循的基本原则。

以专利技术为研究对象的实验使用，通常包括以下情形：（1）通过研究实验，判断专利权利要求所要求保护的技术方案是否能够实现专利说明书中记载的发明目的和发明效果。（2）通过研究实验，确定实施专利技术的最佳方案。（3）通过研究实验，探讨如何对专利技术作出改进等。❶ 专利权人的利益受到损害的情形，必定是专利权人本应当获得的利益无法获得或者受到减损。如果对他人使用专利技术的行为，专利权人本不应当获得利益，也就不存在这种情形之下，专利权人的利益受损。对专利技术进行测试，确证其发明效果，不仅不会对专利权人的正当利益造成损害，还有利于增加社会的知识储备和积累。如果研究者在专利基础进行了改进发明，只要改进发明的技术特征落入专利权利要求的保护范围，该改进发明的实施就必须征得专利权人同意，并向其支付许可使用费，否则即构成侵权，专利权人可获得相应损害赔偿。如果改进者并不实施其改进发明，那么也无从获得收益，专利权人也不会产生收益损失。因此，允许为改进发明进行实验，不会不合理地剥夺专利权人的利益。Story 法官在 Sawin 案中的论断一针见血。他指出，利用专利的行为必须具有侵犯专利权和剥夺权利人对其发明所享有的合法收益的意图才构成侵权，因为这种行为将本属于专利权人的利益转移给了被控侵权人。那些并未剥夺专利权人合法利益的使用行为不应认定为侵权。❷ 如果专利权的效力及于他人验证专利技术、改进专利技术的范围，为了确保自己的垄断地位，专利权人很有可能拒绝许

❶ 尹新天．专利权的保护［M］．2 版．北京：知识产权出版社，2005：128－129.

❷ *SAWIN v. GUILD.*，21 F. Cas. 554（C. C. D. Mass. 1813）（No. 12，391）.

可，禁止此类行为。这将无疑阻碍技术的进步。因此，此类研究实验行为不受专利权人限制，由法律规定对其进行豁免是合理的。总之，上述以专利技术为研究对象的实验使用行为，不会损害专利权人的正当利益，有利于实现专利制度目标和价值，应当得到法律的确认和保护。

以技术公开换取专有权保护是专利制度的最主要特征之一，向社会公开其申请专利的技术方案是发明创造人获得专有权的前提条件。专利公开制度能够有力地支持上述实验使用行为的正当性。具体来讲，公开是通过说明书实现的。公开的标准是完整、清楚地反映整个技术方案。只有当说明书的内容能够为本专业普通技术人员实现时，说明书才能说是充分完整地公开了该技术方案。如果说明书公开不充分或不完整，对于正在申请专利的技术方案将被驳回；对已经被授予专利权的技术方案，则可能被宣告无效。专利公开制度具有以下功能：（1）通过公开技术，促进技术信息交流和传播，保证社会公众了解专利技术信息，扩充公众的知识储备和积累。（2）避免重复研究，造成社会财富的浪费。（3）鼓励他人在公开技术的基础上，继续创新，推动技术进步。（4）保障专利权的授予符合法律规定的条件。一项技术方案是否应当被授予专利权，是否符合了法定条件，社会公众有权监督，对于不符合授权条件的专利，可以向专利机关提出驳回或无效申请。专利公开制度上述功能的实现，都需要对所公开技术方案进行实验和研究。如果对于公开的技术信息，公众无权研究实验，直到专利保护期限届满，才可以研究和利用，则将严重阻碍创新。专利法将技术公开作为专利申请人的义务，以此保证公开的实现，这已经表明专利法允许某种未经许可的对公开专利信息的利用。否定实验使用的合法性，即否定了专利公开制度，并从根本上取消了专利制度存在的基础。因此，以专利技术为研究对象的实验使用，符合专利公开制度的目标，符合专利法的立法宗旨，应当适用侵权例外原则。

（二）以专利技术作为研究工具使用不能适用实验例外原则

德国、英国等欧洲国家的专利法大都将专利实验使用例外原则限定在以专利技术为研究对象的实验范畴之内，而排除了将专利技术作为研究工具使用的情形。所谓研究工具，根据美国 NIH 工作组报告中的界定，其从广义上包括科学家在实验室中所需利用的所有研究资源。❶ 以专利技术作为研究对象的纯粹学术研究，对专利的获利性几乎没有影响。但是如果在研究者中该发明有显著的市场，例如专门用于实验室研究工具的专利机器，专利权人将可能在相关实验中利用该机器开展研究的研究者视为潜在消费者，并希望通过向其发放许可证，从专利垄断中获得充分的收益。该发明创造的主要市场或重要市场就存在于研究使用者中。研究者如果作为

❶ Report of the National Institutes of Health（NIH）Working Group on Research Tools 3［EB/OL］.［1998－06－04］. http：//www. nih. gov/news/researchtools/index. htm.

消费者利用他人的发明创造，就应当向发明人支付许可使用费，以维护专利法对此类发明创造的激励。如果豁免侵权责任，即便是学术研究，也会剥夺专利权人的垄断利益，而这部分利益是他预期取得的，否则其发明创造所付出的劳动无法取得应有的回报，将减损对其发明的激励和对技术的公开，有违专利法的根本目标。❶ 将专利技术作为研究工具使用不能适用实验例外原则，是因为研究者作为专利技术的普通消费者，其使用行为会不合理地剥夺了专利权人应当获得的正当利益。

哈佛大学曾研制成功一种易患癌症的转基因老鼠，并取得了专利。哈佛大学将该专利专有许可给杜邦公司，以生产这种转基因老鼠供研究使用。杜邦公司生产的这种实验老鼠以将近一只50美元的价格销售给非营利实验室和政府实验室的癌症研究者。这种转基因鼠有多种研究用途，既可以被用来研究产生癌症或抑制癌症的各种作用物的效果，也可用来研究基因通过何种机制影响癌症的发展。该转基因专利哺乳动物的发明主要就是作为研究工具被生产、销售和使用的。那些利用转基因鼠研究癌症的研究者就是这项专利技术的潜在消费者。如果这些研究者不受专利权的控制，他们都可以在自己的实验室中自行制造该种老鼠，那么哈佛大学和杜邦公司就很难从这项专利的主要市场获得许可费等收益，专利权人从专利中获得的垄断收益就受到限制，从而会削弱专利积极性。而不给予研究者们实验使用侵权豁免并不会剥夺他们在研究中使用转基因鼠的权利。他们只需要向杜邦公司购买这种老鼠。❷ 对作为研究工具的实验使用如果适用实验例外原则，对专利申请激励的潜在损害显著，因此对此类使用行为，应当向专利权人支付适当的许可使用费。

日益蓬勃的研发活动越来越需要为数众多的享有专利权的研究工具，导致获得这些研究工具使用权的交易成本越来越高，有些情况下，专利权人会拒绝许可他人使用研究工具。获取必要研究工具的成本高昂，以至于重要新产品的开发受到阻碍、拖延、甚至被终止。在研究密集型的生物技术领域相比其他技术领域，研究工具的获得问题更加突出。对于经济理性的研究者，如果可以通过购买取得专利产品，他们不会冒侵权的风险。关键的问题是他们往往需要通过许可谈判获得研究工具的使用权，他们或者直接遭到拒绝或者在获得许可时受到诸多条件限制。许可费用也是一个障碍。❸ 对此，有学者赞同立法制定专门针对高校和非营利性研究的实验例外。该例外仅适用于该研究工具不能通过合理条件取得，研究者同意将研究成果公开发表，同意不将研究成果申请专利，或即便申请专利，仅发放非专有许可或合理条件的许可。❹

---

❶❷ REBECCA EISENBERG. Patents and the Progress of Science：Exclusive Rights and Experimental Use [J]. 56 U. CHI. L. REV. 1017，1989.

❸ JANICE M. MUELLER. No “Dilettante Affair”：Rethinking the Experimental Use Exception to Patent Infringement for Biomedical Research Tools [J]. Washington Law Review，2001 (1)：76.

❹ MICHELLE WALTERS. De Minimis Use and Experimental Use Exceptions to Patent Infringement：A Comment on the Embrex Concurrence，29 AIPLA Q. J. 509，523，2001.

多数学者和研究机构支持采用许可制度解决研究工具的获得问题。澳大利亚知识产权咨询委员会（ACIP）提出了建立类似于著作权法定许可制度的专利实验使用法定许可。为了公共利益、非营利实验目的，允许使用他人的专利发明，但是需通过集体管理组织向专利权人支付许可费。许可费数额由代表研究人员的组织与代表专利权人的集体组织之间谈判商定。❶ 有学者提出，如果研究工具无法在市场上购买获得或者在合理条件下获得许可，那么可以未经专利权人同意利用其研究工具专利。该使用并不区分是否有商业目的。并将该种利用行为需支付的许可使用费与利用研究工具所开发产品的最终商业价值挂钩。这样研究工具专利权人获得的许可使用费将会接近于对于研究工具使用者和产品开发者而言研究工具的真正价值。研究工具专利权人有权获得未来许可收益，而研究者也避免了使用前的许可谈判和预先支付许可使用费以及取得研究工具受阻。但是研究者必须事先书面声明使用意图，以便专利权人监督使用者利用研究工具的产品上市，保证其获得许可使用费。❷ 还有学者建议将研究工具类专利的保护期限设置为两个阶段。第一阶段，可以设置3～5年的期限，在该期限之内，由专利权人行使专有权，任何人未经许可不得利用该专利。剩余的专利保护期作为第二个阶段则是一个强制许可期，该期限之内专利可被强制许可，由使用者向权利人支付合理的许可使用费。这是为了确保重要的研究工具的专利权人不会通过不合理的许可条款抑制技术进步。❸ 本文赞同该方案，这样既能有效维护专利权人的利益，也保障了研究者研究工具的获得。

（三）“营利目的”不宜作为排除适用实验例外的标准

如果研究实验利用专利发明不会产生财产利益，专利权人就没有损失任何收益。基于该认识，在美国，不损害专利权人利益的前提是研究人员利用发明做纯粹非商业性的研究或从事不与专利权人商业利益相竞争的研究。只要被告的研究为商业目的驱动，该原则就不可适用。美国关于实验使用的司法判例中，很少明确区分专利技术作为研究工具或研究对象的不同使用方式，法官往往以是否营利作为是否豁免侵权的判断标准。但是，以实验行为是否有营利目的，并扩大营利目的的解释范围，将导致实验例外原则实际上无法得以适用。根据杜克大学案的判决，不管某组织或机构是否致力于取得商业利益，只要其行为促进了自身法定事业的发展，并且不是纯粹为了娱乐、满足无聊的好奇心或为了严格意义上的学术探究，该行为就不能满足非常狭义、受到严格限制的实验使用抗辩。使用者的营利或非营利的性质并不是决定因素。如此广泛的行为都不在豁免之列，很难想象现实世界在Duke案

❶ CHRIS DENT，PAUL JENSEN，SOPHIE WALLER，BETH WEBSTER. Research Use of Patented Knowledge：A Review [J]．OECD Directorate for Science，Technology and Industry，2，29，2006.

❷ JANICE M. MUELLER. No “Dilettante Affair”：Rethinking the Experimental Use Exception to Patent Infringement for Biomedical Research tools [J]．Washington Law Review，2001 (1)：76.

❸ KATHERINE J. STRANDBURG. What Does the Public Get? Experimental Use and Patent Bargain WIS. L. 146，2004.

的标准之下还有什么实验行为可以得到侵权豁免。似乎一个大学研究者，应从事与大学发展目标不一致的，为了娱乐、满足好奇心以及纯粹科学探究的研究活动。有理由质疑，在大学范围内开展的、由大学提供资助的研究，还是否有可能符合实验例外原则的豁免。❶ Duke案的判决理由使很多人难以信服。有学者指出，Duke案的合理解释应当是，杜克大学FEL实验室的科学家们正在将原告的专利设备作为研究工具使用，而他们其实正是该研究工具的主要的消费者、预期的购买者。科学家们并非研究诉争专利，并非意图寻求改进专利技术活发现其新用途，而是利用诉争专利研究核物理问题。因此，否定原告的专利权就会剥夺他发明该研究工具应得的收益。仅此一项理由，即可认定杜克大学的行为不能适用实验例外。❷ 也就是说，杜克大学应当承担侵权责任的根本原因在于其将Madey教授的专利作为研究工具使用，杜克大学实际是Madey教授专利的消费者，但其平白无故地享用专利及其带来的利益，不合理地剥夺了专利权人的正当利益。

过于广泛地对营利目的进行解释，尤其是以行为的最终目的作为判断实验例外适用的标准，一些应当被豁免的实验研究活动将被置于侵权之列。以专利技术为研究对象，检验其有效性或对其进行改进的实验活动都有可能被解释为有营利目的而被限制使用，虽然表面上保护了专利权，维护了对专利权人的有效激励，但是却潜在的很大程度上抑制了创新。

另外，以非营利开展学术研究为特征的高等学校越来越注重专利申请以及专利的利用，其部分学术研究也往往受到商业利益驱动。高等学校接受国家资助研究项目产生的研究成果也被鼓励专利化、产业化。其从事企业委托项目研发，合作研发与企业联合建立实验室，与企业联系日益紧密。高等学校的应用研究以基础研究为支撑，经过进一步开发，进入工业化，产生经济效益。美国、欧洲、日本等国的许多高校都建立了技术许可办公室，专门从事学校专利技术向工业界的转化，并收取许可使用费的工作。而且在一些领域，基础研究与应用研究已无法清晰区分。高等学校实验研究是否具有营利目的，已很难判定。因此，本文认为，仅将“营利目的”作为判断是否适用实验例外原则的标准过于局限，不能作为说明实验使用行为是否应当被豁免的充分依据。

（四）本文的建议

基于我国尚属发展中国家，目前大力提倡建设创新型国家，鼓励通过创新促进发展，应在保护专利权的同时，重视公众一定范围内对专利技术的利用，鼓励科学研究，有效平衡通过鼓励技术进步增进公共福利的公共利益与专利权人拓展其对市

---

❶❷ JANICE M. MUELLER. The Evanescent Experimental Use Exemption from United States Patent Infringement Liability Implications for University and Nonprofit Research and Development [J]. Baylar L. Rev. 917.

场控制的个人利益，因此不宜对实验例外的适用条件要求过高。可以参考借鉴德国对该原则的适用标准和适用范围，以使用方式作为适用实验例外原则的标准，对实验行为本身的目的和性质不作过多限制，即只要是以专利技术为研究对象进行的研究和实验，不论实验最终是否为商业目的，均得主张实验例外。而对于将专利技术作为研究工具使用的情况，因这种使用方式对专利权人利益损害较大，本文认为不应当纳入实验使用例外的范畴。对于非营利性质的高等学校和科研机构，如前文所述，其研究实验活动也往往关涉商业利益，很难再将其作为一类特殊主体给予特殊豁免待遇。因此，本文认为，高等学校、科研机构、其他企事业单位应当一视同仁，均以实验使用方式为标准适用实验例外原则。

2001 年 9 月 29 日，北京市高级人民法院出台了《专利权侵权判定若干问题的意见（试行)》，其中第 98 条对实验使用例外进行了解释：专为科学研究和实验而使用有关专利的行为，不视为侵犯专利权。(1) 专为科学研究和实验而使用有关专利中的使用，应当包括专为科学研究和实验而制造有关专利产品的行为。(2) 专为科学研究和实验而使用，是指以研究、验证、改进他人专利技术为目的，使用的结果是在已有专利技术的基础上产生新的技术成果。(3) 在科学研究和实验过程中制造、使用他人专利技术，其目的不是为研究、改进他人专利技术，其结果与专利技术没有直接关系，则构成侵犯专利权。该规定即是以专利技术的使用方式为标准确定是否构成侵权的。由于该规定只是在北京地区法院参考适用，没有普遍适用性。建议通过最高人民法院的司法解释确立全国范围内统一适用的实验例外规则。由于以科学实验目的利用专利技术，无疑已包含制造专利产品的行为，本文认为对此不必再行解释。

以下为本文拟定的对实验例外原则的解释条款：“专为科学研究和实验而使用有关专利的行为，不视为侵犯专利权。(1) 专为科学研究和实验而使用，是指以专利技术为研究对象的实验和研究，例如旨在理解和验证专利技术特征或技术效果的实验；对专利技术进行改进的实验；研究不同于专利技术却实现同样效果的技术的实验；(2) 以专利技术为研究工具进行的实验，目的不在于研究该专利技术，则构成侵犯专利权。”

中美假冒专利标记制度比较研究

张慧霞*

一、两国专利法中的假冒专利标记行为

（一）中国

在2008年修订的《专利法》中，将假冒他人专利和冒充专利合并为《专利法》第63条，统称为“假冒专利”。与此相适应，2010年《专利法实施细则》中关于假冒他人专利和冒充专利的条款也随之进行了修改。

《专利法实施细则》第84条规定了五种假冒专利标记行为：（1）在未被授予专利权的产品或者其包装上标注专利标识，专利权被宣告无效后或者终止后继续在产品或者其包装上标注专利标识，或者未经许可在产品或者产品包装上标注他人的专利号；（2）销售上述（1）产品的行为；（3）在产品说明书等材料中将未被授予专利权的技术或者设计称为专利技术或者专利设计，将专利申请称为专利，或者未经许可使用他人的专利号，使公众将所涉及的技术或者设计误认为是专利技术或者专利设计；（4）伪造或者变造专利证书、专利文件或者专利申请文件；（5）其他使公众混淆，将未被授予专利权的技术或者设计误认为是专利技术或者专利设计的行为。

（二）美国

美国专利法第292条（35 U. S. C. § 292）是关于假冒专利标记（false marking）的规定。根据该条规定，假冒专利标记包括三种情况：（1）未经专利权人同意，任何人在其所制造使用或出售的物品或广告中使用专利权人的姓名、专利号或专利权人等标记，意图伪造或仿造专利权人的标记，或意图欺骗公众使其相信该物品是经专利权人同意而制造或出售的。（2）以欺骗公众为目的，将非专利物品冒充为专利物品，包括对未取得专利的物品上或广告中标注或使用专利字样；（3）以欺骗公众为目的，对在其并未申请专利，或已申请而并非在审查中时，就在物品上标注、缀附，或者在有关广告中使用“已申请专利”、“专利审查中”字样。

---

* 张慧霞：北京化工大学文法学院副教授。本文曾发表于《知识产权》2011年第6期。

（三）二者比较

中国《专利法实施细则》规定的五种假冒行为中，第（5）项是兜底条款，第（2）项是销售行为，第（4）项是与专利证书有关的专利违法行为，这几项都是美国专利法中没有规定的行为。剩余的第（1）项和第（3）项可以与美国的规定进行比较。综合第（1）项和第（3）项的规定，中国假冒专利标记行为包括了如下三种：第一，假冒他人专利标记；第二，将未授权专利冒充为已授权专利；第三，将专利无效或终止后的专利冒充为有效专利，或者将专利申请称为专利。后两种行为习惯上可以称为冒充专利的行为。

美国专利法规定的假冒专利标记行为也包括三种：假冒他人专利标记；将非专利物品冒充为专利物品；将未申请专利标注为“已申请专利”或将未在审查中的专利标注为“专利审查中”。后两种行为也可以合并成为冒充专利的行为。

总体来说，中国《专利法》规定的假冒专利标记行为的范围大于美国专利法的规定。中国《专利法》在假冒行为之外，又增加了销售行为、伪造变造专利证书或文件的行为和一个兜底条款。从法律具体规定的几种假冒专利标记行为来看，美国专利法没有明确将“专利无效或终止后的专利继续称为有效专利”是否属于假冒专利标记行为，但是在判例中，法院明确在产品标注已经过期的专利号码有可能构成假冒专利标记（需要同时证明被告具有欺骗公众的意图）。[1] 由于美国是判例法国家，法院可以在适用法律时进行解释并且创造法律，因此美国专利法不仅仅存在于法条之中，很多规定要在法院的判决中寻找。与中国《专利法》规定相比，美国专利法强调了将未在审查中的专利标注为“专利审查中”属于假冒行为，而中国《专利法》对此没有明确规定。但是中国《专利法》有一个兜底条款，可以将任何法律没有明确的符合该项条件的假冒行为涵盖其中。

二、两国法律规定的假冒专利标记的法律责任

（一）中国

中国《专利法》第 63 条规定：“假冒专利标记的，除依法承担民事责任外，由管理专利工作的部门责令改正并予以公告，没收违法所得，可以并处违法所得 4 倍以下的罚款；没有违法所得的，可以处 20 万以下的罚款；构成犯罪的，依法追究刑事责任。”

根据上述法律规定，中国的假冒专利标记行为要负三种责任：民事责任、行政责任和刑事责任。其中民事责任主要是针对假冒他人专利的行为，专利权人可以对假冒者或销售者提出侵权之诉。而对于其他假冒专利标记的行为，只能用行政处罚的方式对其进行处罚，无法提起民事诉讼。对于假冒他人专利的行为，如果构成犯

[1] *PEQUIGNOT v. SOLO CUP COMPANY*, Case No. 2009－1547 (Fed. Cir. June 10, 2010).

罪，行为人还要承担刑事责任。[1]

（二）美国

根据美国专利法第 292（a）条的规定，对于假冒专利标记的，每一违法行为应处以不超过 500 美元的罚金。而根据第 292（b）条的规定，任何人都可以在法院提出对假冒专利标记行为的控告。在此类案件中，罚金的一半将支付给控告人，另一半交给美国政府。

（三）二者比较

总的来说，中美两国都在专利法中规定了假冒专利标记行为的法律责任，但是追究法律责任的途径和方式区别很大。对于假冒他人专利的行为，在两国都可以通过民事诉讼的方式进行解决，但是对于其他假冒专利标记的行为，尤其是那些冒充专利的行为，在中国只能通过行政处罚的方式进行，而在美国则可以通过公益诉讼的方式进行。根据中国政府的统计，2009 年查处假冒他人专利案件 30 件，查处冒充专利案件 548 件。[2] 由此可以推出在中国假冒专利标记行为中大部分都是冒充专利，而冒充专利的处罚方式与美国大有不同。

三、罚款或罚金的数额

（一）中国

中国对假冒专利标记的行政处罚以违法所得为计算标准，具体处罚数额为“（没收）违法所得，可以并处违法所得 4 倍以下的罚款”。没有违法所得的，罚款 20 万元以下。所有上述罚款都收归国库。对于违法所得，没有上限或者下限的规定，完全以违法者的具体情况而定。而对那些没有违法所得的违法者，罚款数额限定在 20 万元以下。

（二）美国

根据美国专利法的规定，每一违法行为应处以不超过 500 美元的罚金。至于 500 美元的罚金怎么计算，则由法院自由裁量。美国第一巡回上诉法院在 1910 年的一个判决中认为，每一个错误标注专利标记的产品都是一个不可分离的违法行为的一部分。反之，一个单独的违法行为就是任何不间断的错误标记（比如标记一个产品）行为的总和（一批产品的全部产量）。比如，如果违法者生产了一批 10 万件虚假标准的产品，原告能够主张的最高的罚金是 500 美元，而不是 5 000 万美元。[3]

---

[1] 根据现行的《刑法》第 216 条规定：“假冒他人专利，情节严重的，处 3 年以下有期徒刑或者拘役，并处或者单处罚金。”该条仅对假冒他人专利的行为进行刑事处罚。

[2]《二〇〇九年中国知识产权保护状况》白皮书［EB/OL］．［2011－05－12］．http：//www.sipo.gov.cn/zwgs/zscqbps/201004/2009zhishichanquanbaohubaipishu.pdf.

[3] *LONDON v. EVERETT H. DUNBAR CORP.*，179 F. 506（1st Cir. 1910）．

由于违法者面临的罚金数额很小，很少有人对违反该条的假冒者提起诉讼。仅有的几起适用该条的案例仅获得了名义上的赔偿金。❶

2009 年 12 月 28 日，美国联邦巡回上诉法院推翻了过去近百年的先例，改变了假冒专利标记行为的罚金计算方法，判决每一个生产错误专利标记产品的行为都构成法律规定的单独违法行为，法院认为法律的规定是要求对每一个违反专利标注要求的产品进行处罚。❷ 在该案中，法院最终判决对 38 件假冒专利标记的产品共罚款 6 840 美元，折合每件罚款 180 美元，而这 180 美元相当于产品的最高售价。❸。

此案以后美国联邦地区法院纷纷采用联邦巡回上诉法院的标准评估假冒专利标记行为的罚款额度，并且降低了法律规定的最大惩罚额度的标准。2011 年 2 月，加利福尼亚的地方法院判决一起假冒专利标记案件，被告罚金数额为每件产品 1 美元，共计 180 万美元。❹ 在另一案中，法院认定假冒专利标记行为成立，并且认为每件产品赋予 0.35 美元的罚款是合适的，该数额约占被告产品平均销售价格的 32%。根据法院的说法，这个数量的罚款将会发挥阻止原告不当行为的功能，同时也不会不适当地增加被告承担廉价大批量产品的责任。❺ 根据华尔街媒体的一份统计资料，2010 年 5 月至 2011 年 2 月的 100 多件案件中，法院判决的赔偿额从 500 美元到 35 万美元不等，平均每个案子大约 5 万美元。❻ 总的说来，目前法律没有统一的罚款标准，具体罚金数额由法院自由裁量。

（三）二者比较

中国对假冒专利标记的行政罚款以违法所得为计算标准，没有上限或者下限。没有违法所得的，罚款 20 万元以下。笔者曾经查询了相关数据，全国各地对假冒专利标记的罚款金额从几百元到数万元不等。❼ 至于是按每一批违法产品罚款，还是按每一件违法产品罚款，没有相应的说明。但是总的来说，如果不是按违法所得计算的话，行政罚款额一般不会超过 20 万元。

美国对假冒专利标记的罚金的计算以每一违法行为（every such offence）为标准，而对每一违法行为的理解经历了从几十年前的每一批产品（entire production run

---

❶ [EB/OL]. [2011-05-05]. http://www.lexology.com/library/detail.aspx? g=594703fa-cb31-4d17-8636-79ee617f89a3.

❷ *FOREST GROUP v. BON TOOL COMPANY*, 590 F. 3d 1295 (Fed. Cir. 2009) [EB/OL]. [2011-05-05]. http://www.lexology.com/library/detail.aspx? g=594703fa-cb31-4d17-8636-79ee617f89a3.

❸ [EB/OL]. [2011-05-06]. http://www.minncle.org/attendeemats/79611/16%20Cotter%20Kahana%20Lafeber.pdf.

❹ *KING TUNA v. ANOVA FOOD*, 2011 U.S. Dist.

❺ *PRESIDIO COMPONENTS, INC. v. AMERICAN TECHNICAL CERAMICS CORP.*, No. 08-CV-335, 2010 WL 1462757, at *3 (S.D. Cal. Apr. 13, 2010).

❻ [EB/OL]. [2011-05-13]. http://www.law.com/jsp/lawtechnologynews/PubArticleLTN.jsp? id=1202489392868&slreturn=1&hbxlogin=1.

❼ [EB/OL]. [2011-05-13]. http://www.sipo.gov.cn/zlgls/zfgl/zftjyfx/.

of a product, i. e. per offence basis) 到 2009 年的每一件产品 (per article basis) 的转变。正如联邦巡回上诉法院所预测的那样，2009 年 Forest Group 案判决以后有关假冒专利标记的案件犹如一股洪流，针对或大或小各种规模的公司提起。仅在 2010 年 1 月到 4 月间，就有 240 件假冒专利标记诉讼案件。❶ 许多诉讼是由自认为是公益组织的原告提起的，目的是为了保护公众免受假冒专利标记的损害。另一些是由个人原告提起的，目的是想通过法律规定的赔偿金获得意外收获。有意思的是，没有一起案例是由真正的被告的竞争对手提起的，而他们最有可能因假冒专利标记行为而受到损害。

四、假冒专利标记行为的起诉主体

（一）中国

根据中国法律的相关规定，对假冒他人专利的行为，由专利权人提起民事诉讼，或者申请行政处罚。对其他假冒专利标记行为，由行政机关依职权启动行政处罚程序。假冒他人专利构成犯罪的，由国家检察机关依法提起公诉。❷

（二）美国

根据美国专利法第 292 (b) 条的规定，任何人都可以对假冒专利标记者提起诉讼。这种诉讼在美国称为公益诉讼 (qui tam action)，任何人（作为政府的受让人）可以代表美国政府起诉。在 2009 年的一起诉讼中，地方法院驳回了一名原告诉讼，理由是原告没有能够证明被告的假冒专利标记行为对政府或消费者造成了实质性损害。❸ 该案的原告 Stauffer 是一名专利律师，他发现他购买的几条由被告生产的领带上面标注了两个已经失效的专利，因此以被告假冒专利标记为由起诉。法院认为公益诉讼要求原告证明假冒专利标记"对竞争、对美国经济或者公众造成实质性的损害或者即将造成事实上的损害"，原告承认自己没有受到损害，也没有举出证据证明竞争性损害或对美国经济或公众损害的存在，因此他不能作为原告起诉。该案上诉到联邦巡回上诉法院，2010 年 9 月，联邦巡回上诉法院推翻了地区法院的判决，认为 Stauffer 可以作为公益诉讼的原告和政府诉讼的受让人进行诉讼。法院认为美国主权或者财产权的损害都是政府作为诉讼主体的依据，也是 Stauffer 作为受让人的依据，在这里并没有竞争性损害的要求。法院认为违反法律的行为本身自然就构成对美国的损害，因为国会通过颁布法律已经定义了什么是损害。法院解释说："Stauffer 的诉讼地位来源于他作为第 292 条规定的'任何人'

❶ [EB/OL]. [2011-05-12]. http://www.mwe.com/info/pubs/False_Patent_Marking_Claims.pdf.

❷ 2010 年，中国各级法院以假冒专利标记罪判决的案件 2 件，生效判决人数 3 人。参见：《中国法院知识产权司法保护状况（2010 年）》白皮书 [EB/OL]. [2011-05-12]. http://ipr.court.gov.cn/sfbhzk/201104/U020110504385710556735.pdf.

❸ *STAUFFER v. BROOKS BROTHERS, INC.*, 615 F. Supp. 2d 248, 254-255 (S. D. N. Y. 2009).

的身份，他不需要再提出与法院管辖有关的证据。”因此，任何主张违反 292 条的人都是满足原告条件的人，都应该被赋予诉讼主体的地位。❶

Stauffer 案总体上说是原告的胜利，但是在法官的附带意见中则保护了被告，使其免受因同一行为而受无数诉讼之苦。❷ 法院认为政府有权干涉假冒专利标记的行为，如果原告败诉，就相当于排除了政府的干涉，其他人就不能代表政府再次起诉。在加州的一起案件中，法院驳回了原告对其中一名被告的诉讼，原因是该被告在达州被起诉。法院认为加州原告的诉讼请求已经包括在达州的诉讼中，这样，代表政府起诉的权利已经赋予达州的原告。❸

（三）二者比较

在中国，只有利害关系人（专利权人）启动民事程序，只有行政机关依职权才能启动行政处罚程序，只有检察机关才能启动刑事程序。而在美国，不管是否利害关系人，任何人都可以代表美国政府起诉假冒专利标记的人。二者相比，美国的每一个公众都被赋予了起诉的权利，这种权利实际上同时也是监督专利标记正确使用的义务，美国的经营者时时处处处于公众的监督之下。一般公众不但可以对假冒专利标记者提起诉讼，而且可以获得罚金的一半，这在很大程度上刺激了一般民众监督的热情。在中国除少量的假冒他人专利标记案件可以提起民事诉讼之外，只有行政机关才有权对假冒者进行处罚，这也就意味着普通的消费者或者公众对假冒专利标记行为只能投诉，不能直接向法院起诉，也不能从中获利。这样一来，监督的义务实际上由行政机关履行，如果行政机关怠于履行监督义务，假冒专利标记行为可能就无人问津。

五、被告具有假冒意图的证明

（一）中国

《专利法实施细则》第 84 条第 5 款规定了假冒专利标记行为的兜底条款：“其他使公众造成混淆，将未被授予专利权的技术或者设计误认为是专利技术或者专利设计的行为。”从行文来看，“其他使公众造成混淆和误认……”表明只有在客观上造成公众混淆、误认的行为才会构成假冒专利标记的行为，该条件也适用于前面几种假冒专利标记行为。

对《专利法》中假冒行为的“混淆、误认”的认定标准，立法机关和司法机关

❶❷ Qui Tam Plaintiffs Have Standing to Sue for False Marking under 35 U. S. C. § 292 [EB/OL]. [2011－05－05]. http://www.mayerbrown.com/iplitigationenforcement/article.asp?id=9581&nid=12131.

❸ JAMES BLACKBURN, MONTY AGARWAL, MATTHEW BATHON. “FALSE PATENT MARKING” SUITS: How Judges and IP Rights Holders Can Respond to New Litigation Trend [J]. Washington Legal Foundation, Vol. 19 No. 18. [EB/OL]. [2011－05－05]. http://www.wlf.org/Upload/legalstudies/legalopinionletter/8－06－10Blackburn_LegalOpinionLetter.pdf.

都没有进一步作出解释。笔者认为可以借鉴《反不正当竞争法》的相关规定和解释。《反不正当竞争法》第5条第（2）项将“造成和他人的知名商品相混淆，使购买者误认为是该知名商品”规定为此类不正当竞争行为的构成要件之一。2007年《最高人民法院关于审理不正当竞争民事案件应用法律若干问题的解释》将《反不正当竞争法》第5条第（2）项规定解释为“足以使相关公众对商品的来源产生误认，包括误认为与知名商品的经营者具有许可使用、关联企业关系等特定联系”。对于假冒专利标记而言，如果假冒行为足以使相关公众对商品的专利状态产生误认，包括将非专利产品误认为专利产品，将到期专利误认为有效专利，将未申请专利误认为申请中的专利，将申请中的专利误认为已授权专利等等，都构成客观上的混淆和误认。

（二）美国

美国专利法规定假冒专利标记诉讼必须证明被告具有欺骗公众的意图。2011年3月，美国联邦巡回上诉法院在案中判决《联邦民事诉讼规则》第9（b）条中的特殊举证适用于假冒专利标记的诉讼。❶《联邦民事程序规则》第9（b）条规定当原告主张欺诈时，就必须提出构成欺诈的特殊环境。原告仅仅提出被告是一个“复杂的公司”和“知道或应该知道专利失效”是不够的。“原告必须提供客观的证据，这些证据能够合理地推出被告意识到专利已经无效。”

在地方法院的一起案件中，原告证明了被告的专利已经失效；被告是一个结构非常复杂庞大的公司，应该知道专利已经失效；更新的产品包装上没有去除掉已经失效的专利。法院认为仅有这些证据是不够的，不能证明被告具有欺骗的意图。原告的举证责任不能满足《联邦民事诉讼规则》第9（b）条关于欺诈的特殊举证的要求。❷ 2010年另一起案件中，联邦巡回上诉法院认定原告提供的欺骗公众意图的证据被驳回，原因是被告是根据律师的建议继续在其产品上提及已经到期的专利，并且正在逐步淘汰包含到期专利标记的产品模具。被告提供的证据证明，已经在新的模具中去除了已到期的专利标记。被告在专利到期后继续生产和销售含有该专利标记的产品的目的是为了降低产品成本，避免生产过程被打断，这是合法的期望。❸

（三）二者比较

中国的法律要求假冒专利标记需在客观上造成公众混淆和误认，美国法律则要求证明主观上具有欺骗的故意。二者相比，中国要求假冒行为客观上的后果，而美国要求主观上的欺骗证明。

---

❶ *BP Lubricants Misc.*，No. 960，slip op. at 2，(Fed. Cir. Mar. 15，2011).

❷ *BRINKMEIER v. BIC CORP.* (D. Del. Filed Aug. 25，2010).

❸ *PEQUIGNOT v. SOLO CUP COMPANY*，Case No. 2009－1547 (Fed. Cir. June 10，2010).

与此同时，两国法律都规定了假冒专利标记的例外条款。中国《专利法实施细则》第 84 条规定："专利权终止前依法在专利产品、依照专利方法直接获得的产品或者其包装上标注专利标识，在专利权终止后许诺销售、销售该产品的，不属于假冒专利行为。"在美国的判例中，法院同样认可了被告在专利到期后一定时间内继续使用专利标记的合理性。❶ 由此可以推断出如果一定时间过去以后还没有从一个产品上去除已经到期的专利标记，就构成了故意欺骗的意图，从而构成了假冒专利标记行为。

六、结论

总之，中美两国关于假冒专利标记的违法行为的表现形式大同小异，但是两国对假冒专利标记的处罚方式差别很大。中国除少量的假冒他人专利案件可以通过民事诉讼途径解决之外，主要是行政处罚的方式，由行政机关对违法者予以处罚，处罚的标准是没收违法所得以及行政罚款，没收财产和罚款最终都收归国库。而美国则以公益诉讼的形式对违法者追究法律责任，任何人都可以代表美国政府对违法者进行起诉，法院判决罚金的一般归原告，另一半归美国政府。2009 年 12 份以来，法院改变了罚金的计算方法，从过去的"对每一批假冒专利标记的产品罚金 500 美元以下"改变为"对每一件假冒专利标记的产品罚款 500 美元以下"，激起了美国民众的诉讼热情，引起了美国社会对该条款的高度重视。

后记：美国假冒专利标记条款的合宪性审查及未来修改意向

2009 年 Forest Group 案件以来，越来越多的原告利用专利法的假冒专利标记条款对假冒专利标记者提起诉讼，而被告一方也在绞尽脑汁应对诉讼。其中最主要的一个利器是利用违宪审查制度对假冒专利标记条款的合宪性提出质疑。根据俄亥俄北区法院的观点，越来越多的被告将会在几百件悬而未决的假冒诉讼中基于违宪的理由要求法院驳回起诉。❷ 提出违宪的人认为，假冒专利标记条款违反了美国宪法第 2 条第 2 款的"注意条款"。该条规定，行政机关将"注意法律被诚实地履行"。已经有地区法院判决假冒专利标记条款违宪，理由是行政机关对那些声称存在假冒专利的人缺乏足够的控制权，不能确保法律被有效执行。❸ 联邦巡回上诉法院目前正在审理一起上诉案❹，该案已经在地区法院判决违宪，联邦巡回上诉法院

---

❶ *PEQUIGNOT v. SOLO CUP COMPANY*，Case No. 2009－1547 (Fed. Cir. June 10，2010)．

❷ [EB/OL]．[2011－05－19]．http：//www.armstrongteasdale.com/files/Publication/e77768c4－a1da－4fb6－baf1－a43b734fc337/Presentation/PublicationAttachment/a9a1373b－8e91－419f－8a65－aedfed032411/Feb11_FalseMarking.html．

❸ Unique Products Solutions，Ltd. sued Hy－Grade Valve，Inc.[EB/OL]．[2011－05－05]．http：//www.jdsupra.com/post/documentViewer.aspx?fid=6d793d7f－e484－43fd－b14c－137aa6935406．

❹ *FLFMC，LLC v. WHAM-O，INC.* (Case No. 2011－1067)．

的判决（还有可能上诉到美国联邦最高法院）将会对假冒专利标记条款是否继续适用产生重大的影响。❶

在修改立法方面，美国国会自2006年起每年都会收到专利修改法案，在2010年的《专利修改法案》中，建议将假冒专利标记案件的起诉人修改为“遭受竞争性损害的人（A person who has suffered a competitive injury)”。❷ 2011年1月《专利修改法案》再次被提起，除了2010年提到的起诉主体修改外，还增加了对诉讼时效的限制，即在假冒专利标记行为发生十年之内或者在原告知道或者应当知道违法行为发生之日起一年以内提起诉讼。❸ 一旦国会最终通过了该法案，就意味着普通公众将不能作为原告进行起诉，公益诉讼将不复存在。假冒专利标记的诉讼主体将会受到限制，假冒专利标记诉讼的短暂的繁荣（2009年12月至今）将不复存在。

---

❶ 至笔者发稿时，联邦巡回上诉法院尚未就该案作出判决。

❷ [EB/OL]．[2011－06－25]．http：//www. lotempiolaw. com/2010/03/articles/businesscorporate/patent-reform-act-of-2010-and-false-marking-rule-change/.

❸ [EB/OL]．[2011－06－23]．http：//www. lotempiolaw. com/tags/patent-reform-act-of-2010/； [EB/OL]．[2011－06－23]．http：//www. lotempiolaw. com/uploads/file/BillText－PatentReformAct. pdf.

第四编

专利管理政策

创新型企业知识产权管理的现状、问题及对策

——基于部分创新型企业的案例分析

邸晓燕　张杰军*

研究表明，知识产权管理对企业的技术创新具有重要影响。目前创新型企业的知识产权管理是怎样的情况？存在哪些问题？哪些因素制约了知识产权管理的完善？本文对河南、黑龙江、山东等地区几家创新型试点企业（包括已命名的和试点范围内的创新型企业）开展了调研，总结了它们在知识产权管理方面的做法，发现存在的问题和不足，并提出了进一步改进的建议。

一、创新型企业知识产权管理的现状及问题

（一）知识产权管理得到一定程度的重视，初步建立了专利工作体系

目前，企业的知识产权战略意识逐步增强，知识产权得到了管理决策层的重视，很多企业设置了专门的知识产权管理机构，配备专职人员从事专利申请和管理。

许继集团确立了统一管理的专利、商标等知识产权管理体系，设立了专门的知识产权管理机构，处理集团公司内涉及知识产权的一切事务性工作。专利的管理由集团统一管理，专利的实施由各申报单位自行决定，实施产生的收益由其支配，专利的许可实施由集团统一管理，许可实施费用由集团支配。

平高集团有限公司坚持“知识产权、科技创新能力是现代企业竞争力的核心”的理念，加强了知识产权工作，制定实施企业的知识产权战略，把做好主导产品的专利保护工作定为工作的核心。在工作组织体系方面，成立了技术情报机构和专利管理部门，充分调动管理部门的积极性，提高知识产权意识，全面提升知识产权创造、保护、管理和运用的能力。

浙江吉利控股集团有限公司建立了分工明确、有机配合的知识产权管理机构，

* 邸晓燕：北京化工大学文法学院教师。张杰军：科学技术部政策法规司副研究员。本文利用了科技部政法司资助研究项目“创新型企业创新之道研究”课题的研究资料，曾发表于《中国科技论坛》2011年第4期。

成立副总裁挂帅的知识产权办公室，主抓集团的知识产权工作。吉利汽车研究院和各子公司也相继成立知识产权办公室，集团有3名专利管理工程师，各子公司设有专职和兼职人员负责专利的日常管理和维护工作。[1]

（二）制定了一系列规章制度，规范知识产权管理工作

知识产权的规章制度是开展知识产权工作的行为规范，是有效配置技术创新资源，促使新技术商品化和市场化的前提，几乎所有的创新型企业都制定和完善了适用于本企业的规章制度。

东北轻合金有限责任公司重点针对军品及主导民品科研生产中的知识产权保护问题，制定了一系列有效的管理办法，将专利、计算机软件、技术秘密等知识产权的管理融入到科研、生产、经营的各项工作中。具体制定的知识产权规章制度包括《东北轻合金有限责任公司保护知识产权的规定》《东北轻合金有限责任公司专利管理办法》《东北轻合金有限责任公司计算机管理办法》。

浪潮集团先后制定了《专利管理与奖励办法》《标准与专利奖励办法》《专有技术管理办法》《专利管理工作流程》《专利项目评估办法》《软件著作权申报流程》等规章制度，进一步完善了集团知识产权制度体系。

郑州宇通客车股份有限公司颁布实施了一系列知识产权管理制度，2008年新修订、制定了《郑州宇通客车公司有限公司国内知识产权管理规定》《郑州宇通客车公司有限公司海外知识产权管理规定》和《郑州宇通客车公司有限公司科学技术进步奖管理规定》等。

（三）普遍采用正负激励结合的手段促进知识产权创造

技术创新、发明创造需要研发人员付出努力，形成有效的激励机制，对企业科技人员进行激励与约束是企业知识产权管理的重要方面。为了鼓励专利申请，促进更多创新成果的出现，企业纷纷采取正负激励结合的手段，提升专利申请的动力和压力。应用最为广泛的是正向激励，将专利管理人员和研发人员的收入、职称职务评定与专利申请量或授权量直接挂钩，加大专利利益分配和奖励的力度。很多企业还将奖励措施制度化，保证激励措施有章可循，稳定可预期。

山东丛林集团在专利申请、审批、审查、授权、维护等流程方面建有一系列的专利管理制度；出台了《山东丛林集团有限公司专利工作管理制度》和《关于获奖、论文及专利奖励试行办法》，保证了知识产权激励措施有章可循；各单位建立年度专利工作考核、评价指标，并将其列入各部门及其领导的工作绩效考核指标体系；将专利研究和专利工作获奖人员的奖励情况记入其业务考核档案，作为职务、职称提升，业绩考核的重要依据。

许继集团的知识产权制度以专利申请和管理为核心，注重激励，注重保护，表现出对研发和技术创新的渴求。许继集团将年专利申请量和年专利申请的类型作为

评价一个公司创新能力的重要部分，对研发能力强、年新产品立项多的公司制定年专利申请量考核指标，将各公司领导和相关员工的收入与专利的申请量挂钩。专利奖励包括专利申请后和专利授权后的奖励，对于专利实施或许可他人实施取得效益后，对发明人或设计人给予一定比例的报酬；职务专利经实施后，公司还在所获得的利润中按比例提成奖励发明人（设计人）：发明专利提成时间为7年，0.5%～2%的比例；实用新型专利提成时间为4年，0.5%～2%的比例；外观专利提成时间为2年，不超过0.2%的比例。同时，集团公司还把年专利申请量和年专利申请的类型作为评价下属公司创新能力的重要部分；对于研发能力强、年新品立项多的公司制定了年专利申请量考核指标，督促其申报专利。将专利的申请量作为各单位专利管理联络员先进评选的重要指标，被评为先进的专利管理联络员由集团发给先进荣誉证书和一定额度的奖金。

为鼓励技术人员不断创新、改进工作方法，三精制药公司设立了一次性发放的技改项目奖。同时还设立了总经理专项奖，用于对在不同方面对公司作出重大贡献的集体和个人进行及时奖励。

烟台万华聚氨酯有限公司制定了《知识产权管理制度》《优秀专利及专利工作者评选奖励办法》，加大对战略性专利、重点专利的奖励力度，充分调动科技人员申请专利的积极性。

东风汽车公司加大专利奖励力度，并将专利的取得与否与科研项目的立项，科技成果的评定奖励，技术人员的职称评定相结合，使发明人增加了积极性；将专利提案数量、专利受理数量列入各单位关键业绩指标（KPI）考核，专利提案指标由各设计部门承担，根据各项目的标准作业程序（SOP）点，将专利申请数量和费用分解到月，同时纳入到专利申报状态表进行全过程跟踪，时刻掌握所申报项目各阶段的状况。

（四）知识产权的管理以专利的申请和维权工作为核心

当前，创新型企业的知识产权工作还处于比较初级的阶段，停留于研发结束后申请专利，或者是专利维权工作。对于通过专利的战略部署来帮助开发新产品、推进技术创新等深层次知识产权工作还比较欠缺，知识产权战略的具体研究和运用尚未开展，也没有把知识产权管理工作全面深入贯穿于企业的创新决策、科研开发、生产和经营活动的各个环节之中。

平高在集团公司建立系统的保密措施，对尖端核心技术采取商业秘密的形式予以保护。公司与知情人员签订保密协议，明确责任义务和违约处罚办法。

山东登海种业股份有限公司围绕三方面开展知识产权保护工作。一是知识产权申请与保护。为保护自主创新成果，公司将知识产权纳入考核指标，并成立了知识产权保护办公室，专门负责植物新品种DUS测试工作、品种权申报和专利申报工作。二是知识产权维护体系，公司成立了法律事务部，专门负责知识产权的维权工作。三是制定科研人员保密制度、职务成果知识产权归属制度、品种权保护管理办法等管理制度。

二、创新型企业知识产权管理的影响因素

（一）知识产权战略与企业整体战略融合程度较差

大多数创新型企业都将知识产权管理提升到了企业战略高度，建立了适合于企业发展的知识产权战略。但目前的情况是，大多数企业只是孤立地看待知识产权战略，局部地应付一些可能出现的侵权行为，因为知识产权重要而关注知识产权管理，但具体如何才能将知识产权战略更好地融入到企业自主创新活动中去，从战略高度系统地审视知识产权管理，将知识产权战略与企业整体战略结合起来，以提升整个创新系统的动力，大多数企业都没有从全局高度综合考虑。

（二）企业拥有的专利在数量和质量上都有待提高

对于创新型企业而言，拥有知识产权不是最终目的，真正目的是通过知识产权的高效利用来创造和获取价值。[2]现在大多数企业都认识到了保护的重要作用，明确知识产权的归属和收益，以激励知识产权的创造；对于专利充分利用，将其成功商业化，尚无法实现商业化的可以转让、许可、出售给其他企业，直接给企业带来利润，这对于企业来说也是非常迫切希望实现的。然而，我国大多数企业专利拥有量比较少，已获授权的专利数量有限，技术开发能力较弱，在已获授权的专利中发明专利所占比例低。如三精制药公司，是制药行业的佼佼者，拥有200多人的专职研发队伍，至2008年7月共获得外观设计专利40项，发明专利1项，实用新型专利1项。

企业自身拥有的专利数量少，不能满足企业对专利或独占技术的需求，企业将自有专利都进行商业化开发，或者本身就是在商业化过程中产生的专利，基本上没有闲置等待商业化的专利，因此将专利作为资产予以管理和运作受到很大的局限。我国大多数制造企业都面临这样的局面。因此，在现阶段，知识产权的积累仍然是企业的主要任务，而知识产权带来资产收益还有待时日。但是，将知识产权作为资产管理和运作是未来发展的需要，创新型企业应该有相应的观念转变，提前布局。

（三）企业的知识产权管理组织体系和实施不够完善

知识产权管理部门的组织模式不尽合理。尽管大部分创新型企业都建立了专门的知识产权管理部门，但还只限于实现了组织体系从无到有的突破，组织体系内部资源配置能否有效促进知识产权管理，大多数企业还未深入考虑。

目前创新型企业的知识产权管理部门基本上属于直线职能式组织模式，由决策层直接领导，或者由技术部门负责。如亿阳信通股份有限公司在2005年成立了专门部门，在公司决策层领导下，指定高层管理人员负责，管理知识产权工作。浪潮

集团建立了三级知识产权管理体系。第一级为集团首席知识官（由首席技术官兼任），全面负责集团知识产权、标准和企业知识管理工作；第二级设在集团知识产权管理部门，协助首席知识官统筹组织整个集团知识产权管理工作；第三级设在各产业单位，负责组织本单位知识产权工作的开展。企业知识产权管理涉及多个领域，因此，一个高效的知识产权管理部门应当由众多具有不同知识和技术背景的员工组成，才能保证团队人员的合理配置和知识产权工作的有效开展。

知识产权管理带有临时性特征，没有独立的组织编制和预算。大多创新型企业都建立了专门性知识产权管理部门，但这个部门并不是具备独立的组织编制和预算，而是以小组、办公室等形态出现，带有临时性特点。如山东丛林集团的知识产权领导小组、西北有色金属研究院的知识产权管理办公室、东北轻合金有限责任公司的知识产权管理委员会等。企业在实施知识产权管理时，应根据不同阶段、任务建立和执行知识产权管理制度。但是几乎所有的企业基本上将知识产权管理制度的实施，当做一项额外费用的支出，包括人力成本、设备成本、申请费用、维护费用、调查费用、律师费用、专家费用等等，没有建立独立的组织编制及预算，造成知识产权管理没有形成制度化模式。

（四）制度层面存在着一些制约因素

科技成果和知识产权作为一种无形资产逐渐得到社会的认可，以专利权和商标权为核心的知识产权已成为企业、地区和国家实力和竞争能力的标志。价值评估是资产运作与管理的前提，知识产权类的无形资产如何有效评估，是当前困扰企业的一个重要问题。《国有资产评估管理条例》虽然建立了包括国有无形资产在内的国有资产评估制度，但是，无形资产不仅包括国有无形资产，还有大量非国有无形资产。非国有无形资产的评估机制的有效性取决于市场、制度环境，而当前市场因素作用的充分发挥受到多重干扰，加上无形资产价值评估的复杂性，无疑给企业知识产权的运作造成了障碍。

三、完善创新型企业知识产权管理的政策建议

（一）系统实施知识产权战略，从战略角度进行知识产权部署

知识产权以动态方式存在，呈现出“全过程”的特征，知识产权工作不仅仅是简单的创新成果事后保护环节，而是应当从战略高度，将知识产权管理融入创新的全过程，实施知识产权创造、保护和利用的多阶段过程控制，以实现促进创新的目标。企业应制定和实施全方位的知识产权战略，结合行业技术特征和企业的创新特点、创新能力强弱，从长期和全局着眼，进行知识产权战略部署，系统架构知识产权制度，利用知识产权战略增强企业的市场竞争力和控制力，提升自主创新能力。

（二）充分利用外围专利申请和专利交叉许可战略，用多维激励手段提高知识产权拥有量

我国企业处于创新能力较弱的发展阶段，自主创新能力普遍不强，大多不具备核心专利的研发能力，因此，实施外围专利和专利交叉许可是比较现实的选择。在核心专利周围，发掘空隙技术，申请改进型专利或下游专利，构建外围专利网，然后再与拥有基本专利的企业进行专利交叉许可，从而增强企业的竞争力。台湾地区富士康科技集团、台湾地区鸿海集团、韩国三星公司都是依靠跟踪国外企业的核心技术，大量部署外围专利，而不断提高创新能力的。在我国企业自主创新过程中，比较现实的路径就是先强化外围技术创新和知识产权的申请，逐步通过交叉许可，直至攻克核心技术。当知识产权拥有量足够丰富以后，有些知识产权就可以通过许可、出售等方式转让给其他企业使用，从而给拥有者带来无形资产收益，或者通过知识产权交易改善与商业伙伴的关系，提高利润分享机会。随着知识产权数量与质量的提升，企业进行战略部署和管理运作的空间也会扩大，知识产权的资源配置效率也将进一步优化。

就现阶段具体情况来看，企业鼓励知识产权创造，最重要最有效的手段仍然是物质利益。但由于知识产权主要表现为无形资产，用无形资产的收益进行激励，存在很多制度性的制约，操作起来有一定难度。而物质利益奖励并不是知识产权创造的唯一和万能助推剂，此外创新者所获的高额奖励拉大了企业内部收入分配的差距，也引起了新的争议。[3]因此，企业可以采用多种方法激励研发人员的积极性。提供良好的环境和适当刺激，保证研发团队中的高层次技术人员，在追求自我实现的创造性过程中，能最有效最完整地表现其潜力，产生“高峰体验”的情感，可能比加薪晋职更有吸引力。在更好地激励创造方面，企业可以广泛发掘各类激励手段加以综合运用。如给予技术发明完成人首创者称号，用发明者的名字进行专利申请或专有技术的命名，用悬赏制度奖励创新者，设立总经理专项荣誉奖，保护研发人员的好奇心和激情等等。企业可根据具体情况尝试探索多维激励手段鼓励知识产权创造。

（三）建立矩阵式知识产权管理组织

目前企业知识产权管理机构尚无统一的固定模式。一般而言，依据知识产权管理机构在组织中的地位，大致可分为三种情况：知识产权部门直属于最高管理者、隶属于研究与开发部门和隶属于法律部门。这三种结构形式各有优劣。这三种均属于直线职能制组织结构，柔性较差，纵向实现信息传递。企业知识产权管理部门本身并不产生知识产权，必须以研发部门、市场部门等职能部门的活动为载体进行，这就要求知识产权部门加强与其他各职能部门之间的横向协调。因此，为加强部门之间的横向联系，国外跨国企业逐渐倾向于矩阵式组织结构组建知识产权管理部

门。对于规模较大的企业，由于其产品和服务的多元化及市场的复杂化，加之知识产权工作具有很强的专业性和技术性，企业按知识产权不同的类型将知识产权管理部门划分为若干个职能子部门，以产品或项目为核心，与直线式的技术研发、生产、市场等组织部门实现交汇，通过项目小组的跟踪管理，确保企业知识产权管理的及时性、严密性和灵活性，推动技术创新活动的开展。

（四）提高知识产权部门的管理水平，改进知识产权交易效率

我国企业在技术交易时，在专利检索、专利评估及战略分析等方面经验不足，常常使交易无法顺利达成，或者使企业遭受损失。技术产品的知识性特征，使得技术产品交易费用高于其他生产要素。在企业间专利技术交易中，交易双方均面临着道德风险。例如，转让方利用其对专利技术的信息优势，在签订合同的时候隐瞒一些只有在实际操作中才可以发现的细节；而在签订合同之后，又不提供足够的技术支持与技术服务；以独占许可的方式将专利技术交易出去，但是利用受让方的监督不力，又将同样的专利技术许可给第三方；如果专利技术通过信用所得，受让方却在签约后隐瞒自己的实际收益，不按时支付；受让方没有正确使用交易所得的专利技术，或者将其用于合同所禁止的领域等等，这些机会主义行为增加了交易成本，降低了交易效率，对交易双方都意味着损失。有些知识产权交易虽然实现了，但是并未达到预期的目标，这与战略分析跟不上有关。

因此，企业应提高知识产权部门管理、运作的水平，为知识产权交易提供便利。运用专利检索广泛搜集有关技术的信息，重视创新过程和交易过程中的信息检索，根据行业特征、行业所处生命周期阶段、企业自身的竞争能力合理选择知识产权交易策略，尽可能减少信息不对称；知识产权的价值不同于其他生产要素，要根据可能带来的预期收益来确定，而其收益情况会受到可行性、实施情况、使用范围等因素影响，因此知识产权评估不能单靠中介机构来做，需要企业的高层次管理人员和技术人员参与，提高知识产权部门的水平对形成客观的评估非常重要；做好技术交易的战略分析，使知识产权交易符合企业竞争战略、创新战略和发展战略，改进知识产权交易的效率。

（五）政府应营造有利于知识产权创造、运用和保护的环境

知识产权制度是国家技术创新体系的一部分，将知识产权管理与开放创新机制的建立结合起来，政府应起到推手的作用。推动市场机制知识产权的交换中发挥作用，政府应该在以下几方面有所作为：第一，通过加强知识产权宏观管理以规范市场竞争。主要包括提供明确透明的、稳定可期的专利保护政策，有效解决与专利所有权相关的争端。政策应力求简洁明确，使企业在知识产权方面的成本和收益对称，并能消除企业在知识产权交换和使用中的机会主义倾向。第二，继续推进知识产权资产评估工作，完善知识产权交易体系建设，为知识产权的运用和流动提供便

利。第三，建立健全公共服务体系，提供涵盖知识产权创造、管理、保护和运用全过程的服务保障。增进各种公共资源整合的效率，消除政策环境中相互矛盾可能带来制约的地方，在保障监管的同时改进服务的质量。采取多种措施拓宽知识产权市场的服务方式和渠道，加强官方机构（商标局、专利局、版权局等）、公共研究机构（知识产权研究院所）和各类中介服务机构（知识产权咨询、代理机构）的沟通协作和信息互递，进一步整合资金、技术和人才优势，提高各类转化平台为科技成果的产业化和市场化服务的能力，拓展基础知识产权信息公共服务平台的服务范围，为企业的知识产权管理做好配套服务工作。

参考文献

[1] 李新男，梅萌．中国创新型企业案例：1辑［M］．北京：清华大学出版社，2010.

[2] 王雎．开放式创新下的占有制度：基于知识产权的探讨［J］．科研管理，2010（1）：153－159.

[3] GILLES SAINT-PAUL. Are Intellectual Property Rights Unfair?［J］. Labour Economics，2004（11）：129－144.

高等学校学科创新引智基地知识产权管理机制研究

“高校引智基地知识产权管理机制研究”课题组*

一、课题研究意义、研究现状、研究方法与内容

（一）研究目的与意义

随着经济全球化进程加速，国际人才竞争日趋激烈，引进海外高层次人才已成为国际竞争的制高点。我国当前全面推进创新型国家建设，需要加快实施科技重大专项，着力突破关键性科技问题，急需引进大批海外高层次科技人才。由于引进的海外高级科技人才往往本身拥有某项知识产权，掌握本领域某些重要知识产权（其支配权往往属于国外公司或机构）及前沿研究成果的关键内容，其在华工作、研究期间将牵头或与中国同事合作（有时也会联合海外同事）产生一些创新性科技成果，形成新的知识产权，而这些知识产权的归属、管理和利用，既涉及聘用单位的根本利益甚至国家利益，也必然牵涉所引进海外人才的切身利益。只有解决好知识产权问题，将相关知识产权的归属、利用以及收益分配作出妥善的制度安排，使引进人才、聘用单位的知识产权利益均得到合理维护，才能吸引更多的海外高层次人才来华工作，并使他们主动将自己掌握的关键知识和技术成果与用人单位分享，共同创造新的科技成果，完成前沿性科技攻关。温家宝总理在近年会见荣获“友谊奖”等优秀外国专家代表时多次强调：要完善知识产权保护、创新人才培养和国外智力引进政策。

高等学校作为高新技术的主要源头，是国家科技创新的中坚力量，更是国家关注的引智重点，国家外国专家局与教育部合作推进“高等学校学科创新引智项目”，简称“111 计划”。即从世界排名前 100 位的大学及研究机构的优势学科队伍中，引进、汇聚 1 000 余名海外学术大师、学术骨干，配备一批国内优秀的科研骨干，

* “高校引智基地知识产权管理机制研究”课题研究受国家外国专家局资助。课题组负责人为甫玉龙（北京化工大学教授），成员有雷风云（国家外国专家局副司长）、王嵩（国家外国专家局处长）、范晓波（北京化工大学文法学院副教授）、和育东（北京化工大学文法学院见习教授）、王鹏（北京化工大学文法学院教师）、余俊（北京化工大学文法学院副教授）、张慧霞（北京化工大学文法学院副教授）。

形成高水平的研究队伍，建设 100 个左右世界一流的学科创新引智基地，努力创造具有国际影响的科技成果，全面提升高等学校科技创新能力和综合竞争实力。为进一步提高“111 计划”效果，提高引智工作质量，提升高等学校引进国外智力的层次，扩大引智成果受益面，实现引智效益最大化，高校的引智工作必须与知识产权工作紧密结合，知识产权的有效管理是促进高校引智工作深入和广泛开展的重要保障。根据 2008 年国务院发布的《国家知识产权战略纲要》的要求，高校作为国家最重要的创新力量之一，必须提高知识产权的管理能力。国家强调高等学校应将知识产权战略作为学校发展的重要战略，将知识产权工作纳入高等学校科研管理的全过程。而自 1983 年邓小平同志提出引进国外智力以利我国现代化建设的战略决策以来，引进国外智力已惠及到国家发展、建设的各个领域，也贯穿了高等院校教学、科研、人才培养、国际化建设各个方面，有效地提高了我国大学尤其是重点大学的学术研究水平、创新和科研成果（包括自有知识产权）形成能力、高层次人才队伍建设水平、国际交往及合作能力，一些通过引智形成的重要科研成果和知识产权有力地推动了我国相关产业的发展，为我们建设创新型国家作出了十分重要的贡献。以国家外国专家局和教育部 2006 年才重点推出的“111 计划”为例，仅在 2009 年国家科技奖励大会上，列入“111 计划”的这 100 多个高校学科创新引智基地所产生的相关科技成果就获得了 10 多项“国家科技进步二等奖”，另外在近年来的国家科技奖励大会上每年都有数位积极参与我国科技创新、交流活动并作出重要贡献的外国专家获得中国政府“国际科技合作奖”，获奖者相当部分来自高校聘请的外国专家。海外人才引进是国家在实施科技强国战略过程中的重要内容，目前国家实施的“千人计划”所引进的高级人才为国家科技发展发挥了重要作用。

然而，由于知识产权机制建设的滞后，我国许多高校还未建立起行之有效的保护外国专家知识产权权益、激励外国专家积极主动参与我国科技创新活动的管理模式和机制，国家相关主管部门也缺乏对高校引智工作知识产权事务的政策和指导。这将直接影响到我国高校进一步发挥海外专家尤其是高层次专家作用及以知识产权为保障的科技创新能力的提升。因此，研究如何在高校建立推动外国专家在华工作并参与创新活动的知识产权管理模式与保护机制，对“111 计划”等高校重点引智计划的进一步发展、深化，对国家引进海外高层次人才的其他战略性计划（如“千人计划”、“中科院—外专局创新团队国际合作伙伴计划”）和高校海外高层次人才引进计划，对实现国家引智事业“十二五规划”和实现“国家知识产权战略纲要”与高校有关的目标、任务，对发挥高校人才、科研和国际合作优势促进国家实现由“中国制造”向“中国创新”转型，占领重大科技领域的制高点，提高科技创新能力和核心竞争力，都具有十分重要的意义。我们选择“111 计划”作为规范、推进高校引智工作知识产权体系建设的重点、起点和突破点，该课题的研究具有知识产权理论研究和实践指导意义，通过对该课题的深入研究得出可靠的结论，为有关政府部门在制定高校知识产权管理政策提供支持。

(二) 国内外研究概况

从国外来看，美国、日本、德国、英国等市场经济发达国家的高等学校已建立了较为完善和成熟的知识产权管理制度，形成了适合自身情况的知识产权管理模式，发明人等科技成果的开发者包括学校引进的外籍专家与其所属院校就知识产权权利归属、利益分配等已作出了妥善安排，制定有相应的激励、规范科技工作者创新的知识产权政策，并作为吸引、鼓励国外高水平教授前来工作的重要手段（如加拿大在高校、科研机构实行的“国家首席科学家”制度等），有效促进了教育、科技与经济的紧密结合。我国政府近年来十分重视知识产权工作，教育部、科技部相继出台了相关知识产权规定，如教育部、国家知识产权局《关于进一步加强高等学校知识产权工作的若干意见》（教技［2004］4号），科学技术部《关于国际科技合作项目知识产权管理的暂行规定》、《国家高技术研究发展计划知识产权管理办法（试行)》等，一些重点高校也成立了知识产权工作办公室（如北京大学、北京理工大学）和知识产权研究基地（如北京化工大学)。但目前对高校引智工作中的知识产权保护的研究还处于刚刚起步阶段，很难适应高校大规模、多领域、高层次国际人才智力交流发展的现状和趋势。高等学校专利申请、技术成果转化方面已有一些研究成果，主要散见于一些以高校知识产权保护、高校知识产权管理、高校专利等为主题的研究探讨性论文中，专著很少。一些研究成果对美国高等院校知识产权管理模式的成功经验进行了总结和分析，一些研究针对某地区高校展开，如广东、上海、湖北、江苏、河北等地区高校专利申请与利用研究，提出了高校管理层与科技人员专利意识薄弱；专利工作管理体系不健全；专利激励政策不完善等问题，并针对性地提出了加大专利宣传力度，强化专利意识；加大专利基金投入；加强官产学研合作与交流等对策建议。另外，针对当前一些高校科研人员学术科研造假、侵犯知识产权的不良现象，也是我们在高校引智、创新过程中应该积极防范的，一些学者也发表了相关文章。中国作为联合国及世界贸易组织（WTO）重要成员，需认真遵守相关承诺，包括世界知识产权组织（WIPO）相关公约和WTO关于规范成员之间知识产权行为的TRIPS，我国学者在这方面也有大量研究文献。上述研究是本课题研究的重要参考。

(三) 研究方法

(1) 问卷调查与实地走访。通过制作、发放调查问卷，以及访谈高校引智基地管理人员、科研人员，了解了高校引智工作中的知识产权情况和问题。

(2) 实证分析方法。对调研取得的引智实例进行分析，研究知识产权管理方面的成功经验和存在问题。

(3) 比较分析方法。对国内外高校的知识产权管理政策进行比较，提出高校知识产权管理政策存在的问题及国外可供借鉴的政策。

（4）规范分析方法。对我国现行相关法律政策进行分析，对其文本的修改完善提出建议。

（四）研究内容

高等学校学科创新引智基地工作主要包括以下方面：（1）学术交流：举办国际学术研讨会、讲座、论坛。（2）科研合作：共同申报课题、开展课题研究、共同撰写论文。包括我国学者赴外国参加合作研究以及外国专家来华进行合作研究。例如中国石油大学（北京）引智基地徐春明教授与赵锁奇教授与加拿大著名的油砂沥青开发改质企业签订了国际合作项目。该研究大幅度节省水资源，提高溶剂回收率，公司提供10万加元，已完成。上述两位教授与加拿大教授联合申请中国国家科技部与加拿大政府国际合作重点项目，总计经费200万人民币。（3）人才培养：专业培训、研究生培养，共建课程，共同出版教材。如北航与英国两个大学的教授共建本科生《传热学》课程，达成了共同出版航空航天特色双语传热学教材的意向。

上述三个方面中，急需解决的是在科研合作过程中产生知识产权问题，如课题需利用已有成果以及课题研究产生新成果的知识产权归属与利用、合作研究协议中应如何处理知识产权等问题，因此科研合作中的知识产权管理安排应作为研究重点。

本课题研究内容主要包括以下三个方面：（1）我国高校学科创新引智基地知识产权管理现状与问题分析。（2）国外高等院校知识产权管理的做法和经验研究。（3）如何加强和完善我国高校学科创新引智基地知识产权管理，进一步通过引智推进科研创新、人才培养及我国创新型国家建设。

二、高等学校学科创新引智基地知识产权管理现状与问题

（一）高等学校学科创新引智基地概况

高等学校学科创新引智计划是教育部、国家外国专家局为推进我国高等学校建设世界一流大学的进程联合实施的。该计划以建设学科创新引智基地为手段，加大成建制引进海外人才的力度，进一步提升高等学校引进国外智力的层次，促进引进海外人才与国内科研骨干的融合，开展高水平的合作研究和学术交流，共同培养博士研究生，在高等学校汇聚一批世界一流人才，率先建立起一批具有原始性创新能力的学科创新引智基地，全面提升高等学校科技创新能力和综合竞争实力。该计划“十一五”规划的总体目标是瞄准国际学科发展前沿，围绕国家目标，结合高等学校具有国际前沿水平或国家重点发展的学科领域，以国家重点学科为基础，以国家、省、部级重点科研基地为平台。

学科创新引智基地的发展目标有三：扩大基地的规模和影响；调整结构；吸收交叉学科。其发展按照“分步实施，动态调整，滚动支持”的原则进行，目前已设

立三批创新学科创新引智基地，共计156个。第一批已建立的学科创新引智基地已通过评估，专家对这些基地整体评价很高，90%以上的基地实现了既定目标，这些基地为所在高校的师生提供了更高的发展平台，为他们提供了更多与国外高校进行合作的机会，同时也取得了可喜的成绩。但是，要与国外一流大学接轨还需要继续努力，国家还要继续为学科创新引智基地的发展提供支持，要完善学科创新引智基地发展，加强对外交流与合作，为国家经济建设和社会发展提供强大的人才保障。

（二）我国关于高等学校知识产权管理的相关规定

高等学校是创新引智基地建设的依托单位，创新引智基地的知识产权管理以其所属高等学校的知识产权管理规则为依据，在高校知识产权管理框架之下运行，因此，本课题研究需要围绕高等学校的知识产权管理展开。

1999年教育部出台《高校知识产权保护管理规定》，该规定系各高校制定自身知识产权管理规则的依据和参考。该规定明确了知识产权的归属原则。

（1）执行本校及其所属单位任务，或主要利用本校及其所属单位的物质技术条件所完成的发明创造或者其他技术成果，是高等学校职务发明创造或职务技术成果。职务发明创造申请专利的权利属于高等学校。专利权被依法授予后由高等学校持有。职务技术成果的使用权、转让权由高等学校享有。

（2）由高等学校主持、代表高等学校意志创作、并由高等学校承担责任的作品为高等学校法人作品，其著作权由高等学校享有。

（3）主要利用高等学校的物质技术条件创作，并由高等学校承担责任的工程设计、产品设计图纸、计算机软件、地图等职务作品以及法律、行政法规规定的或者合同约定著作权由高等学校享有的职务作品，作者享有署名权，著作权的其他权利由高等学校享有。

（4）为完成高等学校的工作任务所创作的作品是职务作品，除上述第三项情况外，著作权由完成者享有。高等学校在其业务范围内对职务作品享有优先使用权。

（5）在执行高等学校科研等工作任务过程中所形成的信息、资料、程序等技术秘密属于高等学校所有。对于合作研究者的知识产权问题，该规定指出在高等学校进修或者开展合作项目研究的研究人员，在校期间参与导师承担的本校研究课题或者承担学校安排的任务所完成的发明创造及其他技术成果，除另有协议外，应当归高等学校享有或持有。并要求高等学校及其所属单位与国内外单位或者个人合作进行科学研究和技术开发，对外进行知识产权转让或者许可使用，应当依法签订书面合同，明确知识产权的归属以及相应的权利、义务等内容。

该规定还指出高等学校应当依法保护职务发明创造、职务技术成果、高等学校法人作品及职务作品的研究、创作人员的合法权益，对在知识产权的产生、发展，科技成果产业化方面作出突出贡献的人员，按照国家的有关规定给予奖励。

2006年科技部制定了《关于国际科技合作项目知识产权管理的暂行规定》，其中规定项目承担单位在与外国合作方签订项目合作协议时，应按照本规定在项目合作协议中设立知识产权专门条款或者双方另行签署专门的知识产权协议，对合作中所涉及或产生的知识产权归属及权益分配、违约责任、争议处理等知识产权事项作出具体约定，并按照原项目申请渠道报项目管理部门备案。项目实施过程中，以付薪金方式聘请来华的外国专家，在华工作期间作出的智力劳动成果，应当约定其知识产权属于聘请单位，成果完成人享有身份权和荣誉权。

关于对科研人员的奖励问题，主要在我国《关于促进科技成果转化的若干规定》中做了具体规定。科研机构、高等学校转化职务科技成果，应当依法对研究开发该项科技成果的职务科技成果完成人和为成果转化作出重要贡献的其他人员给予奖励。其中，以技术转让方式将职务科技成果提供给他人实施的，应当从技术转让所取得的净收入中提取不低于20%的比例用于一次性奖励；自行实施转化或与他人合作实施转化的，科研机构或高等学校应当在项目成功投产后，连续在3～5年内，从实施该科技成果的年净收入中提取不低5%的比例用于奖励，或者参照此比例，给予一次性奖励；采用股份形式的企业实施转化的，也可以用不低于科技成果入股时作价金额20%的股份给予奖励，该持股人依据其所持股份分享收益。在研究开发和成果转化中作出主要贡献的人员，所得奖励份额应不低于奖励总额的50%。上述奖励总额超过技术转让净收入或科技成果作价金额50%，以及超过实施转化年净收入20%的，由该单位职工代表大会讨论决定。

国有科研机构、高等学校持有的高新技术成果在成果完成后1年未实施转化的，科技成果完成人和参加人在不变更职务科技成果权属的前提下，可以根据与本单位的协议进行该项科技成果的转化，并享有协议约定的权益。科技成果完成人自行创办企业实施转化该项成果的，本单位可依法约定在该企业中享有股权或出资比例，也可以依法以技术转让的方式取得技术转让收入。

在科技成果转化中产生的知识产权的归属问题，《科技成果转化法》作出了如下规定。科技成果完成单位与其他单位合作进行科技成果转化的，应当依法由合同约定该科技成果有关权益的归属。合同未作约定的，按照下列原则办理：(1) 在合作转化中无新的发明创造的，该科技成果的权益，归该科技成果完成单位；(2) 在合作转化中产生新的发明创造的，该新发明创造的权益归合作各方共有；(3) 对合作转化中产生的科技成果，各方都有实施该项科技成果的权利，转让该科技成果应经合作各方同意。

根据《国务院办公厅转发科技部等部门关于促进科技成果转化若干规定的通知》(国办发［1999］29号) 和其他有关规定，海外高层次留学人才可以专利、发明、专有技术等要素参与分配；依法保护高层次留学人才的知识产权；鼓励高层次留学人才将在国内取得的成果申请国内外专利，支持他们通过专利转让、技术入股等形式，加快高新技术成果产业化；高层次留学人才职务发明成果转让后的收益分成，经与单位协商同意，可高于国家规定的比例获得奖励。虽然该规定主要是针对留学人员的，但我们也可以借鉴以激励在引智基地开展研究活动的外国专家。

（三）高等学校知识产权管理现状

依据国家上述与高校知识产权管理相关的规定，许多高校制定了自己的管理规定，其中各高校在知识产权归属、奖励政策等问题上与教育部《高校知识产权保护管理规定》基本保持一致。对于与外校研究人员的合作研究相关的知识产权问题，一些高校也专门进行了规定。

例如《清华大学保护知识产权的规定》中有如下规定：

(1) 与国、内外单位或个人进行合作研究或合作开发，必须订立书面合同。合同中必须订有知识产权保护条款，并对知识产权的归属以及利益的分配加以约定。

(2) 来学校及其所属单位学习、进修或合作研究的客座研究人员、临时聘用人员，博士后在站人员，应由学校及其所属单位与其签署协议，明确在学校及其所属单位学习或工作期间完成的智力劳动成果，应归学校及其所属单位持有或者双方共有。他们在离开学校及其所属单位前，需将在学校及其所属单位从事科技工作的全部技术资料、实验材料、实验设备、产品、计算机软件等交回学校，下属单位有责任保护学校的知识产权，并不得允许上述人员擅自复制、发表、泄露、使用、许可或转让。

(3) 来学校及其所属单位学习或工作的研究生、本科生、专科生、博士后在站人员、进修人员、客座研究人员和临时聘用人员在办理入校手续时必须签署关于执行《清华大学保护知识产权的规定》的“保证书”。

(4) 智力劳动成果的完成人享有在有关成果文件上注明自己是该成果完成人的权利。学校建立奖励制度，对成果完成人及保护产权有功的人员给予奖励。

又如《中国科学技术大学知识产权保护管理规定》规定如下：

(1) 来校开展合作研究与开发的人员，在合作期间完成的发明创造和其他技术成果，属于“执行学校及所属单位任务”所完成的发明创造和其他技术成果。协议另有约定的除外。

(2) 职务发明创造或职务技术成果以及职务作品的完成人，依法享有发明权、发表权、署名权、获奖权等精神权利以及获得报酬的权利。

(3) 学校及所属单位与国内外其他单位或个人合作开展或互相委托进行科学研究和技术开发，对外进行知识产权转让或许可使用，必须依法签订书面合同，并以专项条款明确知识产权的归属及相应的权利、义务等内容，切实保护学校的知识产权。

(4) 学校实行知识产权保证书制度，明确学校及所属单位负责人、研究开发人员和其他有关人员等保护知识产权的责任、权利和义务。

再如《浙江大学科技成果知识产权保护管理若干规定》规定如下：与国内外单

位或个人的合作研发，合同中必须包含知识产权保护条款，并对知识产权的归属以及利益的分配加以约定。

（四）高等学校引智基地知识产权管理存在的问题

引智基地知识产权管理存在的问题实质是基地所依托的高等学校的知识产权管理存在的问题。课题组通过问卷调查、实地调研、文献研究等方法进一步了解了创新引智基地所依托高校的知识产权现状，发现知识产权管理中存在以下问题。

1. 教育部和各高校现行知识产权管理规定不完善

高校现行知识产权管理规定不完善，未建立起合理有效的收益分配机制，尤其对于来学校开展合作研究的外国专家在知识产权归属、奖励、收益分配等方面缺少规范。例如，对于来自外单位的合作研究者，教育部及各高校一般仅仅规定了“承担学校安排的任务所完成的发明创造及其他技术成果，除另有协议外，应当归高等学校享有或持有”，没有对利用高校科研技术条件所完成的发明创造和其他技术成果的归属及著作权归属进行规范，也没有规范合作研究者的技术成果许可与转让之后的奖励措施。这些在管理规定方面存在的不完善将导致外国专家无法明晰其科研成果的知识产权归属和可由此获得的收益，从而抑制了创新的积极性。

2. 多数高校未与外国专家签署知识产权协议

根据教育部的知识产权管理规定，“高等学校及其所属单位与国内外单位或者个人合作进行科学研究和技术开发，对外进行知识产权转让或者许可使用，应当依法签订书面合同，明确知识产权的归属以及相应的权利、义务等内容。”本课题调查问卷反映出，外国专家与引智基地所属高校之间没有签署知识产权协议的占到67%。签署有知识产权归属条款的外国专家占到33%，签署有知识产权奖励和分配条款的外国专家只占到17%，签署知识产权收益分配条款的外国专家占到8%，签署保密条款的占到8%。上述数据表明多数高校未与来基地工作的外国专家签署知识产权协议，签署有知识产权协议的部分高校也存在协议约定内容不完整的问题，不能有效调整外国专家与中国高校之间的知识产权关系。

3. 多数高校未能通过协议明确外国专家的保密义务

外国专家与引智基地之间没有签署知识产权协议的占到67%，其中签署协议的，包含保密条款的协议仅占8%。这表明高校引智基地在合作科研中欠缺保密意识，未能向外国专家明示其应当履行的保密义务，我国高校创新引智基地开展的多是某技术领域内的前沿问题研究，只有注重保守秘密，才能有效保护我国知识产权。

4. 高校知识产权管理部门对知识产权法律政策的宣传不够

外国专家对于高校知识产权管理规定，完全了解的只占10%，多数科研人员尤其是外国专家表示有所了解，也有人表示根本不了解。外国专家通过学校或基地的工作人员的宣传介绍了解知识产权规定的占50%，50%则通过公共媒体或朋友了解知识产权规定。多数高校知识产权管理机构无法做到在外国专家开展基地研究工作之前对其进行知识产权宣传培训。这表明高校知识产权管理部门所具有的宣传知识产权法律政策的作用没能有效发挥。科研人员尤其是外国专家对知识产权相关规定非常有限的了解，将不利于规定的有效实行。

5. 高校在利用外国专家所提供的技术之前，忽略技术权属确认，容易导致纠纷

北京某高校曾经引进过一位外国籍专家，他与在华工作单位签订授权使用合同之后提供给单位的技术是其非法持有的，真正的专利持有人发现其技术被高校使用后，将该高校告上了法庭。这就涉及专家所提供的技术是其合法享有还是非法提供的问题，需要引起国内引进外国专家的单位重视。调查问卷显示，有45%的基地都涉及对外国专家来华之前所取得知识产权的利用，其中直接利用不支付费用也未经许可的占50%，支付相关费用并签有约定的占50%。对高校而言，除实验使用可以作为侵权的豁免之外，其他使用行为都应取得知识产权权利人的许可，否则均可能引发侵权纠纷。

6. 基地的知识产权工作还未得到有关主管部门的充分重视，引智基地的评估验收未考虑知识产权管理因素

“111计划”以项目形式实施，采取“统筹规划、限额申报、专家评审、择优建设、动态管理”的原则。教育部、国家外国专家局联合成立“111计划”领导小组，领导小组由各主管部门部级领导和相关司级领导组成，负责计划的宏观指导和决策；领导小组聘请国内外知名学者组成专家委员会，作为学术咨询机构，负责创新引智基地的评审、评估和监督工作。创新引智基地建设期为5年。运行2年后，由领导小组委托专家委员会对基地的学科发展、人才引进与培养、合作研究进展等进行中期评估。对评估结果好的，给予滚动支持；对明显未达到计划要求、难以完成预期目标的，将停止或暂缓资助。创新引智基地建设期结束后，由领导小组委托专家委员会对基地建设进行综合验收，并按一定比例评选出优秀创新引智基地，给予表彰和奖励。目前在专家委员会对基地进行中期评估和综合验收中，并未将知识产权管理作为评估因素。这表明知识产权工作还未得到有关主管部门的充分重视。

四、国外高等学校知识产权管理经验

在知识产权管理方面，发达国家高等学校已经过多年实践，积累了丰富的经验，值得我们学习和借鉴。本课题专门对美国、英国、加拿大、澳大利亚四国高校知识产权政策情况进行了调查，并总结了其基本做法。

1. 调查的高校分布情况

这次调查了美国综合排名前10位的大学中的6所，分别是：哈佛大学、加州理工大学、麻省理工学院、普林斯顿大学、斯坦福大学和耶鲁大学，其中理工特色突出的有2所。还调查了英国排名前10位的4所大学，牛津大学、剑桥大学、伦敦大学帝国理工学院、华威大学。加拿大排名前5位大学中的3所，分别是：不列颠哥伦比亚大学、多伦多大学和滑铁卢大学，调查了澳大利亚排名前5位大学中的3所，分别是：澳大利亚国立大学、墨尔本大学、悉尼大学。

2. 知识产权政策的类别

这16所高校均制定了本校的知识产权政策，按照内容大致可分为两类。第一类是规定了具体权利义务的政策。绝大部分高校的知识产权政策都规定了本校雇员或非雇员（如访问学者、学生等）在校期间产生的智力成果的权利归属和许可使用、收益分配等问题。这类政策又有两种不同的表现形式，一种表现为学校单方制定的文件，但是这种文件对雇员或非雇员并不具有约束力，只有雇员或非雇员签署了有关协议将其作为协议的附件，或签署了确认函确认该文件的效力后，这些文件才对相关人员产生法律约束力，大多数高校采取的是这种形式。还有一种形式就是在合同中直接约定知识产权的权利归属、使用及收益分配事项，如麻省理工学院就属此类学校。第二类知识产权政策并没有规定具体的权利义务，只是规定了知识产权归属和使用的一般原则，提醒雇员或非雇员在工作中可能发生的知识产权问题，在使用他人知识产权或受资助进行创造性智力活动时，应签署相应的合同。这实际上是一种普及知识产权法律知识的指南。

3. 知识产权政策的具体内容

所调查高校中，大多数将本校雇员和非雇员的知识产权政策在同一条款中规定，也有的分别在不同条款或不同文件中规定（如麻省理工学院、斯坦福大学），具体情况如下。

（1）权利归属。大多数学校规定，雇员或非雇员在执行学校任务中作出的发明、或者主要是利用学校的设施、资源等作出的发明以及受到学校资助或第三方通过学校进行资助的发明，其知识产权归学校所有。也有少数学校规定，对非雇员的发明，可以根据情况由学校和其分享权利，具体分享方式由双方协商。对版权，学校大多尊重传统，除了教案、课件等为完成教学任务必须的作品，学校享有版权外，对其他作品学校一般不主张版权。但是如果作者主要利用学校的资源或资助完成了作品，一般要求与学校就作品权益订立合同公平分配。

（2）权利使用。如果是在本校范围内为教学研究目的进行非商业的使用，学校一般允许雇员或非雇员可不经许可无偿使用本校享有知识产权的发明和作品。

（3）收益分配。对学校享有知识产权的智力成果的商业性使用产生的收益，一些学校规定了分配比例，将收益在学校、系、发明者等主体之间进行分配。也有的学校未对此进行规定。如哈佛大学规定：特许权使用费和哈佛大学收到来自它的商业化活动的费用将按如下比例分享：发明人（作者）个人为35%，发明人（作者）所在的研究团队为15%，发明人（作者）所在的部门为15%，发明人（作者）所在的学校为20%，校董事会为15%。牛津大学知识产权转化获得的收益，按以下比例进行分配：7万英镑以下的净收益分配比例分别是研究人员63%、大学7%、学院（系）0%、牛津大学的全资控股的从事技术转移的公司Isis30%。72万英镑以下的净收益分配比例分别是研究人员31.5%、大学21%、学院（系）17.5%、Isis30%；72万英镑以上的净收益分配比例分别是研究人员15.75%、大学28%、学院（系）26.25%、Isis30%。

（4）信息披露。还有一些学校规定，其雇员或非雇员要将在学校工作期间的发明创造报告给学校有关主管部门，然后由主管部门确认该发明的权利归属等问题。

（5）多数学校都会与其雇员或非雇员签署知识产权协议，包括与兼职人员、访问学者签署知识产权协议。

五、完善我国引智基地知识产权管理对策

目前创新引智基地发生的知识产权纠纷较少，我们调查的20多个基地中只有一个基地发生过纠纷。但这并不表明知识产权问题对于引智基地不重要。67%的外国专家表示关注知识产权问题。调查发现外国专家进入基地以来创造的智力成果的种类主要是著作权，即由外国专家与中方研究人员合作发表论文，双方共同署名，这方面不容易产生纠纷。在技术发明方面，只有16%的外国专家认为其作出过发明创造。79%的引智基地所申请专利中没有外国专家作为发明人的。这就使产生纠纷的可能性也大大降低。但随着我国引智规模的不断扩大，合作领域的拓展、合作研究的深入、技术成果产生数量增多，这类纠纷产生的可能性就会越来越大。在对中方引智基地管理人员、科研人员的调研中，有47%的人认为基地在引进外国专家时存在的主要顾虑或问题是外国专家不能有效发挥作用，50%的人认为外国专家对基地取得科研成果及相关知识产权的贡献程度一般。我们认为，知识产权规则不完善以及执行不利等都是当前外国专家在引智基地中的作用未被充分发挥出来的重要因素。

中方基地管理者、研究者和外国专家通过调查问卷表达了完善高校知识产权管理的建议。其中中方基地管理人员和研究人员提出：（1）学校应明确外国专家在基地科研过程中产生科研成果的归属问题；（2）进一步完善知识产权的奖励政策，鼓励外国专家将已有的关键性技术成果运用到基地的建设中来；（3）加强知识产权教育培训。外国专家提出：（1）高校应明确知识产权归属和利益分配政策；（2）应通过签署知识产权协议，明确权利义务；（3）加强高校和基地人员的知识产权保护意

识；（4）帮助外国专家了解相关知识产权法律政策；（5）高校建立知识产权管理系统；（6）高校有相关部门提供知识产权法律帮助。

高等学校是创新引智基地建设的依托单位，根据教育部、国家外国专家局的要求，应成立由校级领导牵头，科技处、外事处、人事处共同参与的“111计划”校级管理办公室，负责制定本校引进海外人才的相应政策，建立有利于创新引智基地发展的管理体制与运行机制，并负责与其相关的协调、实施和管理工作。其中良好的知识产权管理机制的建立，一方面可以有效降低和避免纠纷的发生，另一方面也可以激励有卓越创造能力的外国专家来华工作，在引智基地中充分发挥其作用，这将会极大地推动创新引智基地的发展。本课题组针对完善引智基地所属高校知识产权管理制度，建立相关管理工作机制提出如下建议。

（一）完善高校知识产权权属制度

教育部《高等学校知识产权保护规定》及各高校知识产权管理规定，对于包括外国专家在内的来学校开展合作项目的研究人员的知识产权归属的规定不完全。应当增加对主要利用学校物质技术条件所产生的发明创造、技术成果、作品等知识产权归属的规定。具体设计条文如下：

第13条　在高等学校学习、进修或者开展合作项目研究的学生、研究人员，在校期间参与导师承担的本校研究课题或者承担学校安排的任务所完成的，或者主要利用学校的物质技术条件所产生的发明创造及其他技术成果，除另有协议外，申请专利的权利应当归高等学校享有，专利权被依法授予后由高等学校持有，技术成果的使用权、转让权由高等学校享有。发明创造或其他技术成果的完成人依法享有在有关技术文件上署名的权利。进入博士后流动站的人员，在进站前应就知识产权问题与流动站签订专门协议。

本条前述人员为完成高等学校的工作任务所创作的作品，以及其主要利用高等学校的物质技术条件创作，并由高等学校承担责任的工程设计、产品设计图纸、计算机软件、地图等作品，除另有协议外，相应权利参照第9条、第10条、第16条的职务作品确定其归属及行使方式。

（二）制定并落实知识产权收益分配制度

我国《专利法》第16条规定，“发明创造专利实施后，根据其推广应用的范围和取得的经济效益，对发明人或者设计人给予合理的报酬。”这一规定在我国许多高校都没有得到落实。高等院校是外国专家科研创新的重要基地，由于当前我国多数高校没有建立知识产权收益的分配机制，学校与课题组之间如何就知识产权利用收益进行分配，对一项技术成果作出贡献的多个发明人之间如何根据贡献大小分配收益，没有作出明确妥善的安排。发明人如果离开了实施该发明的项目组，其基本上无法从对该发明的利用中获得任何收益。原有发明的价值很有可能被后续开发而忽略。在这样一种机制之下，包括外国专家在内的发明人的科研积极性可能因没有得到合理的补偿和激励而消减，不利于进一步鼓励创新。因此应当借鉴国外大学的做法建立知识产权收益分配制度。

根据国外大学的普遍做法，对知识产权利用产生的收益，在扣除管理费用之后，要在发明创作人、发明人所在学院、学校之间按一定比例进行分配。较多采用的是上述三方面各取得收益的1/3。这种做法充分保障了发明人和学校的利益。因为，只要某项知识产权被利用，产生了收益，发明人和学校就能从中获利。发明人是发明创造的源泉，一项有价值的发明应当使发明人获得充分的补偿，这种安排是对发明人最好的激励。不论谁负责实施该发明，或对该发明进行改进或再开发，都应将原有发明的价值分割出来，按比例分配给对这项发明作出贡献的人。发明人所取得的不应只是一次研究项目经费中的劳务补偿，而应当是由于发明被利用而源源不断带来的收益。发明被实施利用的越多，发明人取得的收益就越大，这也在一定程度上可以解决发明人不愿他人实施自己的技术，并产生争议的问题。这种制度安排使发明人取得合理的回报，促进发明的实施，也激励发明人做出真正有价值的发明创造。同时，学校作为该项技术的知识产权人，也可以不断地从该项发明中获得高额收益。收益分配制度的建立，将会有效地保证作为研发人员的外国专家的利益，激发其发明创作的积极性。

（三）制定并落实对获得知识产权作出贡献的外国专家的奖励制度

对发明人、创作者给予适当奖励，将会激发其发明创造的积极性。教育部《高校知识产权保护规定》只规范了职务发明者、创作者的奖励，没有对包括外国专家在内的合作研究者的奖励规定，因此建议该规定中增订对高校获得知识产权作出贡献的外国专家给予适当的奖励，保障作为发明人的外国专家的权益，激发他们的积极性。

在《高校知识产权保护规定》中增订：

第27条　在高等学校学习、进修或者开展合作项目研究的学生、研究人员在校期间参与导师承担的本校研究课题、承担学校安排的任务或者主要利用学校的物质技术条件而产生知识产权的，高等学校应参照第25条、第26条给予相应奖酬。

（四）确认外国专家来华前相关知识产权的归属，并妥善利用

外国专家来华工作前的相关知识产权，如果我国高校需要使用，应当先审查确认知识产权权利归属，即确认该知识产权属于专家本人还是其国外雇主等第三人，避免因不了解知识产权权属而发生侵权纠纷。

在需要利用外国专家来华工作前的相关知识产权的情况下，如该知识产权属于外国专家本人，应征得外国专家本人同意，签订知识产权许可使用合同。如该知识产权属于外国专家国外雇主，中方应与其雇主取得授权。规范的使用行为一方面充

分尊重了外国专家，另一方面避免了侵权纠纷的发生。同时外国专家也应该保证其引进的知识产权没有权属争议，否则所产生的后果由外国专家承担。

（五）高校应与外国专家签订知识产权协议书

各高校根据自身情况，制定本校的知识产权政策和格式合同，合同可以对知识产权的披露、归属、使用、收益、保守秘密等问题约定，在外国专家入校工作前签订，作为聘用合同的组成部分。签订协议之前，外国专家应当了解聘用单位关于知识产权的管理和保护规定。本课题组设计了“高等学校与外国专家知识产权协议书”范本，供各高校参考适用。

（六）设立专门的知识产权管理部门，特别关注外国专家知识产权管理

应充分重视知识产权工作，成立了专门知识产权管理部门，建立单位的知识产权重大问题的审议、决策机制，设置专门的知识产权管理工作岗位和人员。该管理机构的一般职能包括：（1）制定知识产权工作的规划和计划；（2）组织知识产权法律、法规的教育和培训，保护单位及员工的合法权益；（3）调解、处理单位有关知识产权的争议和纠纷；（4）对在知识产权保护工作中作出突出贡献人员予以奖励事宜向单位提出建议；（5）审核、认定员工完成的非职务发明创造和技术成果等等。该管理机构应特别重视单位外国专家的知识产权问题，可以建立外国专家知识产权档案。另外要加强对高校负责知识产权和外国专家工作人员的业务培训和经验交流工作，使知识产权管理人员担负起包括外国专家在内的引智基地研究人员与知识产权有关问题的咨询任务。

（七）加强针对外国专家的知识产权教育与培训工作

知识产权管理部门还需要加强对包括外国专家在内的科研人员的知识产权宣传培训工作。应当定期分批更有针对性地开展进行知识产权基础知识、法律法规及相关政策、奖励和激励政策的宣传培训。通过宣传和培训，使他们能运用所掌握的知识产权知识和工具，做好科研工作，有效地维护自身以及聘用单位的知识产权。加大对外国专家有关中国知识产权法律、政策、保护和激励机制的宣传，有利于打消他们的顾虑，激发他们在中国高校主动开展和参与创新。

为促进对外国专家的知识产权教育培训工作，有关主管部门可以制作通俗易懂的知识产权基础知识、法律政策的宣传手册，译成多国文字，分发给外国专家了解学习。可以试行聘用外国专家知识产权事务岗前教育培训制度。

（八）建立高校创新引智基地外国专家知识产权纠纷调处机制

设置高校创新引智基地外国专家知识产权纠纷调处委员会，该调处委员会由法律专家、技术专家共同组成，当外国专家因与所属高校发生知识产权纠纷时，由调处委员会进行纠纷调处。

（九）将知识产权管理作为考核指标纳入引智基地评估工作

为促进引智基地所依托高校的知识产权管理工作，建议将知识产权管理状况作为考核指标纳入引智基地评估体系中，包括学校是否有专门的知识产权管理机构和人员、合乎要求的知识产权管理规定、是否与外国专家签署有完备条款的知识产权协议等。

附件　调查问卷

为深入了解高校学科创新引智基地的知识产权管理状况，课题组制作了两份调查问卷：一份问卷针对引智基地中方管理人员或科研人员，该问卷设计 35 个调查题目；另一份问卷针对来引智基地工作的外国专家，该问卷采用英语文字，设计 34 个调查题目。调查问卷主要发往北京地区的高校引智基地。调研具体包括以下方面：

（1）高校学科创新引智项目在我国高校学科建设、科技进步、知识产权实力增强乃至建设国际化高水平大学方面所发挥的重要作用。

（2）受聘或受邀参与高等学校学科创新引智基地工作的外国专家来华之前拥有知识产权的情况，项目实际中是否需利用其拥有或掌握的知识产权。其在中国高校合作从事的项目对其原有科研成果和知识产权的依赖程度。

（3）外国专家在高等学校学科创新引智基地中所承担的重要职责和科研任务，所产生合作科研成果的主要类型。

（4）高等学校学科创新引智基地外国专家对其在与中国高校及教师合作中所完成的科研成果拥有何种知识产权权益。

（5）高等学校学科创新引智基地及所在高校对外国专家参与科研创新、申报知识产权有何鼓励政策和具体办法、成功经验。

（6）高等学校学科创新引智基地外国专家是否与中国高校签有知识产权专门协议，主要内容包括哪些方面。若外国专家或外国专家国外所在单位在知识产权方面与中国高校产生争议，是否有合适的解决机制和法律援助机制。

（7）如何有效保护中国高校自有的科研成果、知识产权及保障合作研究半成品的未来知识产权权益。

（8）外国专家国外所在单位对其来华工作的知识产权管理办法和约定。

（9）在高等学校学科创新引智基地已有的丰富实践中，外国专家对知识产权问题的看法和建议。

“高等学校学科创新引智基地知识产权管理机制研究”软课题调查问卷

第一部分：引智基地中方管理人员、研究人员调查

各位引智基地管理人员、研究人员：

国家外国专家局与教育部合作推进“高等学校学科创新引智项目”，引进、汇聚海外学术大师、学术骨干，与国内优秀的科研骨干，形成高水平的研究队伍，努力创造具有国际影响的科技成果，提升高等学校科技创新能力和综合竞争实力。由于知识产权涉及高校和引进人才的切身利益，高校的引智工作必须与知识产权工作紧密结合，才能进一步提高引智工作质量，提升高等学校引进国外智力的层次，实现引智效益最大化。

受外国专家局委托，北京知识产权研究基地承担了“高等学校学科创新引智基地知识产权管理机制研究”软课题项目，旨在通过调研我国高校引智基地对外国专家的知识产权管理与保护现状，深入分析目前所存在的问题，建立和完善我国高校的知识产权管理机制，一方面有效保护我国高校的知识产权，另一方面维护外国专家知识产权，激励外国专家来华创新。

为完成该课题研究，我们制作了调查问卷，希望通过问卷的方式了解高校引智基地的知识产权问题。感谢您百忙之中抽出时间填写问卷！本问卷不用署名，您的回答信息将对本研究具有重要的价值。本问卷所获得的资料仅供研究报告整体分析之用，我们将严格保密您所提供的信息。再次感谢您对我们工作的支持！

1. 您所从事的工作是：

（1）基地负责人　（2）基地管理人员　（3）基地研究人员

2. 您的年龄阶段是：

（1）20～30岁　（2）30～45岁　（3）45～60岁

3. 您所在高校有无专门的知识产权管理规定？

（1）有　（2）无

4. 您所在高校有无专门的知识产权管理机构与管理人员？

（1）有　（2）无

5. 您所在基地有无对知识产权的专门规定？
(1) 有　(2) 无

6. 您认为基地工作涉及的知识产权主要包括：
(1) 商标　(2) 著作权　(3) 专利
(4) 技术秘密

7. 基地成立后申请专利：
(1) 0件　(2) 10件以下　(3) 10～50件
(4) 50～100件　(5) 100件以上

8. 基地成立后授权专利：
(1) 0件　(2) 10件以下　(3) 10～50件
(4) 50～100件　(5) 100件以上

9. 基地的专利或其他技术成果被开发利用（与外单位签订技术开发或技术转让合同）的有：
(1) 0件　(2) 10件以下　(3) 10～50件
(4) 50～100件

10. 基地每年引进的外国专家大约有：
(1) 3人以下　(2) 3～10人　(3) 10～50人
(4) 50人以上

11. 基地到目前共引进外国专家大约有：
(1) 10人以下　(2) 10～50人　(3) 50～100人
(4) 100人以上

12. 外国专家在基地中承担的工作任务包括：
(1) 授课或讲座　(2) 合作研究　(3) 其他

13. 基地在引进外国专家时存在的主要顾虑或问题有（可选多项）：
(1) 外国专家引进手续复杂
(2) 担心科研活动中的秘密信息泄露
(3) 外国专家不能有效发挥作用
(4) 外国专家在基地工作期间产生的知识产权归属不明
(5) 外国专家在基地工作期间产生的知识产权奖励和收益标准不好掌握
(6) 其他________

14. 外国专家引进带来的知识产权的种类：
(1) 著作权　(2) 专利　(3) 技术秘密
(4) 其他

15. 在基地合作科研中，是否会利用外国专家来华之前自己享有的或其所属外国大学享有的知识产权？

(1) 是　　　　　　　　(2) 否

16. 对上题的回答如为“是”，那么如何利用上述知识产权：

(1) 与外国专家或其所属外国大学签订知识产权许可使用协议，支付相关费用，并按约定使用

(2) 不需许可与支付费用，直接利用

17. 外国专家在基地工作产生的科研成果包括：

(1) 论文　　　　　　　　(2) 专利　　　　　　　　(3) 技术秘密

18. 外国专家对基地取得科研成果及相关知识产权的贡献：

(1) 很小　　　　　　　　(2) 很大　　　　　　　　(3) 一般

19. 外国专家来基地工作是否与学校或基地签署包括知识产权条款的协议书?

(1) 是　　　　　　　　(2) 否　　　　　　　　(3) 不清楚

20. 如果上题回答为“有”，那么上述协议书包括知识产权条款有：

(1) 工作中产生的知识产权的归属条款

(2) 工作中产生的知识产权的奖励和分配条款

(3) 工作中产生的知识产权的利用条款

(4) 保密条款

(5) 竞业限制条款

(6) 其他________

21. 外国专家在合作科研过程中产生科研成果的知识产权的归谁所有：

(1) 学校享有知识产权

(2) 外国专家享有知识产权

(3) 共同享有知识产权

(4) 其他

22. 对取得知识产权有贡献的外国专家如何进行奖励：

(1) 没有任何奖励　　　　(2) 支付一定奖金　　　　(3) 精神奖励

(4) 其他________

23. 利用知识产权产生的收益如何向作为发明人的外国专家进行分配：

(1) 没有任何收益　　　　(2) 有收益，但没有分配　(3) 按照收益的百分比分配

24. 利用知识产权产生的收益向作为发明人的外国专家进行分配的比例：

(1) 小于10%　　　　　　(2) 10%～30%　　　　　　(3) 大于30%

25. 基地所申请专利中有无外国专家作为发明人：

(1) 有　　　　　　　　(2) 无

26. 外国专家是否在与中方合作论文上署名：

(1) 署名　　　　　　　　(2) 不署名　　　　　　　　(3) 没有合作发表论文

27. 您认为基地引进外国专家的主要影响因素有（可选 1～3 项）：

（1）薪酬待遇　　（2）科研条件　　（3）知识产权保护

（4）团队合作　　（5）较大的发展空间　　（6）行业发展趋势

（7）其他________

28. 外国专家是否希望了解中国相关知识产权政策？

（1）希望了解　　（2）并不关注　　（3）不清楚

29. 基地有无专门向外国专家宣传或介绍相关知识产权政策：

（1）有　　（2）无

30. 基地通过何种方式向外国专家宣传或介绍相关知识产权政策：

（1）印发宣传资料

（2）培训

（3）知识产权管理部门或专门人员提供咨询

（4）其他

31. 外国专家在基地工作期间出现过何种知识产权方面的纠纷：

（1）没有出现过知识产权纠纷

（2）知识产权权利归属纠纷

（3）发明创造奖励纠纷

（4）发明创造收益纠纷

（5）违反商业秘密纠纷

（6）违反竞业限制纠纷

32. 基地与外国专家发生的知识产权纠纷是怎样解决的：

（1）通过协商解决

（2）通过政府部门调解解决

（3）通过法院诉讼解决

（4）通过仲裁解决

（5）其他________

33. 外国专家有无就知识产权问题向基地或学校提出过意见或建议：

（1）有　　（2）无

34. 外国专家就知识产权问题向基地或学校提出过何种意见或建议：

35. 您对学校或基地完善知识产权政策有何建议：

Part two (for overseas experts)

Intellectual Property Management Questionnaire

For Overseas Experts Sponsored by Introducing Talents Plan

This study is designed to determine the efficacy of current intellectual property management mechanism for stimulating experts and professors who came to work in China sponsored by the official Introducing Talents Plan (ITP) for University Discipline Innovation. The information will be used to work out sample intellectual property related provisions in contracting between experts and the ITP bases. The results of the study will be reported to related official departments.

In order to encourage you, an overseas expert, to create more mental products during your stay in China, we should better balance the allocation of intellectual property on your research work. We know that some contracts between experts and universities need be improved, and we need your help to inform us the current situation on your side and tell us how to improve the situation. Although participation is voluntary and anonymous, we really hope you join us and write down your views and wishes. Certainly be aware that if you are not an overseas expert, you might be excluded from submitting the questionnaire.

This study is being carried out by a team of researchers from School of Arts and Law, Beijing University of Chemical Technology. If you have any questions or would like to receive further information about the project, please contact us.

1. Your nationality

   (1) the U. S. (2) the U. K. (3) Japan

   (4) African Countries (5) German (6) Others ________

2. Your professional field

   (1) Bio-Tech (2) Pharmacy (3) Chemistry

   (4) Machinery (5) IT (6) Communication

   (7) Electronics (8) Others ____________

3. What were the types and amounts of IP you had owned before you started your research work in the Base/University in China

   Amounts

   (1) Copyright ________

   (2) Patents ________

   (3) Known-how ________

   (4) Others ________

4. Whether you signed any IP agreements with the institutions you worked with be-

fore you came to China

(1) No (2) Yes

5. If your answer to the previous question is Yes, the said IP agreements you signed include which of following provisions

(1) Ownership of IP developed as a result of your research work

(2) Rewards and interests allocation relating to IP developed as a result of your research work

(3) Benefits allocation relating to IP developed as a result of your research work

(4) Confidentiality

(5) Others

6. Who owned the patents for the inventions developed as a result of your research work in institutions you worked with before you came to China

(1) The university owned the patents, and you had right to be named in patent

(2) You owned the patents

(3) You shared the patents with the university

7. Which of the following acts would the institutions in your own country do with regard to your mental products

(1) Pay you money as bonus

(2) Award a certificate or that sort of thing

(3) None of both

8. Which of following acts would the institutions in your own country do with regard to thebenefits as a result of your mental products

(1) Pay you a proportion of the whole financial benefits

(2) One-off payment as bonus

(3) No benefits allocation

9. How much proportion of the whole financial benefits did you get if the institutions in your own country would pay you as such

(1) Less than 10% (2) From 10% to 30% (3) More than 30%

10. The reasons why you came to work at the Base/University in China are

(1) Arrangement by my employer

(2) For the nice research environment here

(3) For my knowledge about China

(4) To cultivate excellent talents

(5) To promote the research work of the Base

(6) Others

11. What is your main work task in the Base/University in China

(1) Scientific research (2) Lecturing (3) Others

12. How do you concern about IP

(1) No concern (2) Concern (3) Lots of concern

13. How do you know about the IP law in China

(1) No knowledge (2) A little knowledge (3) Much knowledge

14. How do you know about the related IP policy in the Base/university you are working with

(1) No knowledge (2) A little knowledge (3) Much knowledge

15. Which channels do you know about the Chinese IP related laws and policies by

(1) Friends

(2) Media

(3) Propaganda or introduction by the base/university staff members

(4) Almost no channel

16. have you ever been puzzled by the IP issues

(1) Yes (2) No

17. Do you need some specific institution or person to help you resolve your IP related problems

(1) yes (2) no

18. Have you signed any IP agreements with the Base/University in China you are working with

(1) Yes (2) No

19. If your answer to the previous question is Yes, the said IP agreements you signed include which of following provisions

(1) Ownership of IP developed as a result of your research work

(2) Awards and interests allocation relating to IP developed as a result of your research work

(3) Benefits allocation relating to IP developed as a result of your research work

(4) Confidentiality

(5) Others

20. What are the types and amounts of mental products you had developed since you started your research work in the Base/University in China

	Amounts
(1) Research papers	________
(2) Inventions	________
(3) Others	________

21. How the published papers is named since you started your research work in the

Base/University in China

(1) Solely named by yourself

(2) Co-named with your Chinese partners

(3) You were not named

22. Who the patents of your inventions belong to since you started your research work in the Base/University in China

(1) You have the sole ownership of the patents

(2) You have joint ownership with the university

(3) The university have the sole ownership of the patents, you have the right to be named as inventor

(4) You have no right

23. What kind of encouragement would the Base/University give you with regard to your mental products

(1) Pay you money as bonus

(2) Award a certificate or that sort of thing

(3) None of both

24. Which of the following acts would the Base/University do with regard to the benefits as a result of your mental products

(1) Pay you a proportion of the whole financial benefits

(2) One-off payment as bonus

(3) No benefits allocation

25. How much proportion of the whole financial benefits did you get if the base/universty would pay you as such

(1) Less than 10% (2) From 10% to 30% (3) More than 30%

26. Did the base/university require you to keep secret your research projects

(1) Yes (2) No (3) Unclear

27. Have you ever been involved in IP disputes since you came to work in China

(1) Yes (2) No

28. If you answer the previous question as Yes, what kind of IP disputes did you involved

(1) Disputes on IP ownership

(2) Disputes on awards for mental products

(3) Disputes on benefits as result of mental products

(4) Disputes on know-how

(5) Other infringement disputes

29. How did you settlethe IP disputes you were involved

(1) By negotiation
(2) By intermediation of related government department
(3) By litigation
(4) By arbitration
(5) Others ________

30. What are your main concerns or problems as far as your work at the Base/University in China
(1) Lack of stable work environment and rewards
(2) Lack of proper research foundation and financial support
(3) Lack of adequate protection for the technologyI brought with when I came
(4) Lack of distinct ownership of IP developed during my stay
(5) Lack of adequate rewards for IP developed as a result of my research work
(6) Others ________

31. What are the differences between the Base/University IP policy and that of the institution you worked with before you came to China

____

____

____

32. What is the key flaw relating to IP management in the Base/University you are working with

____

____

____

33. What kind of IP related assistance would you need during your stay in China

____

____

____

34. Do you have any suggestions to improve the IP policy in your Base/University?

____

____

____

THIS IS THE END OF THE QUESTIONNAIRE. THANK YOU FOR YOUR COOPERATION!

外国专家问卷（中文版）

1. 您的国籍：
2. 您的专业领域
   （1）生物科技　（2）医药　（3）化工
   （4）机械制造　（5）IT 科技　（6）通信
   （7）电子　（8）其他
3. 您到基地工作以前已经获得的知识产权的种类及数量：

	数量（件）
（1）著作权	________
（2）专利	________
（3）商业秘密	________
（4）其他	________

4. 您是否与您所在国任职的机构签订知识产权协议？
   （1）没有　（2）有
5. 如上题回答为“有”，那么您所签订的知识产权协议中包含的条款有：
   （1）工作中产生的知识产权的归属条款
   （2）工作中产生知识产权的奖励和分配条款
   （3）工作中产生知识产权的收益分配条款
   （4）保密条款
   （5）其他
6. 您在所在国任职的机构进行科研工作所产生发明的专利权归属：
   （1）专利权属于您所任职机构，您作为发明人有权署名
   （2）专利权属于您
   （3）您与所任职机构共同享有专利权
7. 您所在国任职的机构会对您完成的发明创造：
   （1）支付您一定奖金　（2）颁发证书等精神奖励　（3）没有奖励
8. 您所在国任职的机构对利用您作出的发明创造所获取的收益：
   （1）向您支付所获收益的一定比例
   （2）一次性奖励
   （3）没有收益分配
9. 您所在国任职的机构对利用您作出的发明创造所获取的收益进行分配的比例：
   （1）小于 10％　（2）10％～30％　（3）大于 30％
10. 您因何到该基地工作：

（1）工作安排　　（2）良好的科研环境　　（3）了解中国
（4）培养优秀人才　　（5）促进基地科学研究　　（6）其他

11. 您在基地所从事的工作是：
（1）科学研究　　（2）授课　　（3）其他

12. 您对知识产权的关注程度：
（1）不关心　　（2）关心　　（3）非常关心

13. 您是否了解中国相关知识产权法律规定？
（1）不了解　　（2）了解一些　　（3）非常了解

14. 您是否了解您所在大学或基地的相关知识产权政策？
（1）不了解　　（2）了解一些　　（3）非常了解

15. 您通过何种方法了解中国的相关知识产权法律与政策？
（1）朋友　　（2）公共媒体
（3）所在学校或基地工作人员的宣传介绍
（4）很少渠道了解

16. 您在基地工作期间，是否有关于知识产权的疑问？
（1）有　　（2）没有

17. 您对于相关知识产权的疑问是否希望有专门的机构或人员帮助解答和处理？
（1）是　　（2）无所谓

18. 您与目前工作的基地所在大学有无签订包括知识产权条款的协议：
（1）有　　（2）无

19. 如上题回答为“有”，那么该协议包括哪些条款：
（1）工作中产生的知识产权的归属条款
（2）工作中产生知识产权的奖励和分配条款
（3）工作中产生知识产权的收益分配条款
（4）保密条款
（5）其他

20. 您进入基地工作以来创造的智力成果的种类及数量：

	数量（件）
（1）科研论文	________
（2）发明创造	________
（3）其他	________

21. 您进入基地工作以来发表科研论文的署名：
（1）自己单独署名
（2）与中国研究者共同署名

(3) 不署名

22. 您进入基地以来所做发明创造的专利权归属于:

(1) 专利权归属于您本人

(2) 大学与您共同享有专利权

(3) 专利权归属于基地所依托的大学，您作为发明人享有署名权

(4) 您不享有任何权利

23. 基地对您做出的发明创造给予何种奖励:

(1) 支付您一定奖金

(2) 颁发证书等精神奖励

(3) 没有奖励

24. 基地对利用您作出的发明创造所获取的收益:

(1) 向您支付所获收益的一定比例

(2) 一次性奖励

(3) 没有收益分配

25. 基地对利用您作出的发明创造所获取的收益进行分配的比例:

(1) 小于10%　　(2) 10%～30%　　(3) 大于30%

26. 基地对于您所进行的科研项目有无专门的保密要求:

(1) 有　　(2) 无　　(3) 不清楚

27. 您在中国工作期间是否出现过知识产权方面的纠纷:

(1) 是　　(2) 否

28. 您所遇到的知识产权纠纷属于哪种类型:

(1) 权利归属纠纷　　(2) 发明创造奖励纠纷　　(3) 发明创造收益纠纷

(4) 违反商业秘密纠纷　　(5) 其他侵权纠纷

29. 您所遭遇的知识产权纠纷是怎样解决的:

(1) 通过协商解决

(2) 通过政府部门调解解决

(3) 通过法院诉讼解决

(4) 通过仲裁解决

(5) 其他________

30. 您到该基地工作的主要顾虑或问题是:

(1) 没有稳定的工作环境和待遇

(2) 没有适合的科研条件和经费

(3) 担心自己带来的技术无法获得良好的保护

(4) 对于在工作期间产生的知识产权归属不明

（5）工作期间产生的知识产权没有获得满意的奖励

（6）其他________

31. 基地的知识产权政策与你所属国家工作机构的知识产权政策有何差别？

32. 您认为在基地工作，知识产权方面存在的最大问题是：

33. 您希望在中国工作期间，得到哪些知识产权方面的帮助？

34. 您对基地关于知识产权的政策有何建议？

谢谢您的合作！